転換期にある惑星

いかに正義と自由は実現されるのか

Gerard Aartsen
ゲラード・アートセン
大堤直人 訳

Priorities for a Planet in Transition

The Space Brothers' Case for Justice and Freedom

アルテ

Gerard Aartsen
Priorities for a Planet in Transition
The Space Brothers' Case for Justice and Freedom

BGA Publications, Amsterdam, the Netherlands

人類へ捧げる

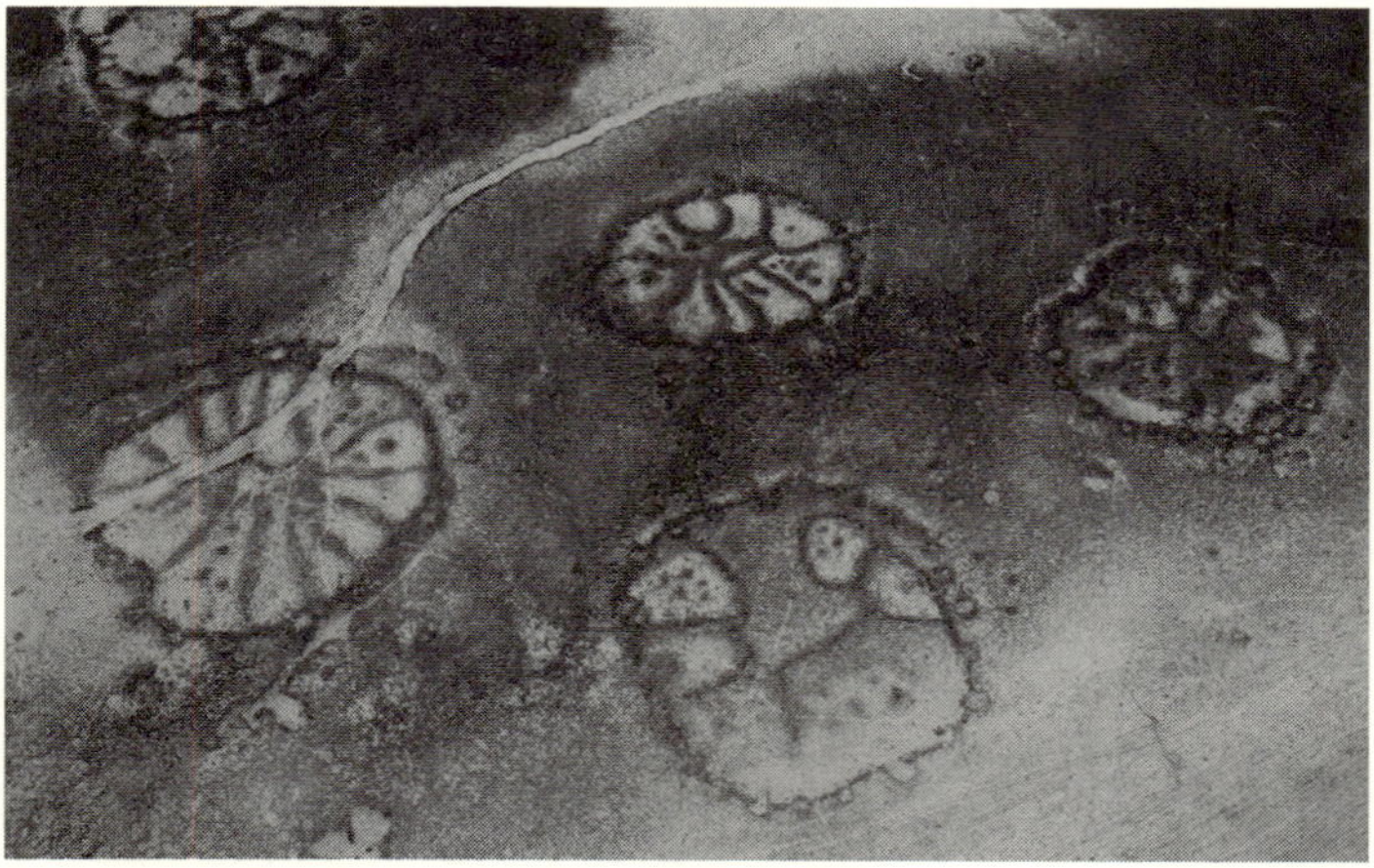

ヨルダン・アズラク湿地帯で撮影されたこの写真にあるような、巨大な車輪型石造構造物が中東一帯で発見された、とライブ・サイエンスのウェブサイトは2014年9月14日に報告した。これらは少なくとも2,000年前にさかのぼると考えられている。ベンジャミン・クレームに由来する情報（シェア・インターナショナル誌2011年11月号）によると、これらは古代の宇宙船の記録もしくは描き物である。(写真：© David D. Boyer)

序　文

これまでになく多くの人が、ＵＦＯ（未確認飛行物体）現象の調査に時間を捧げています――目撃例を追求したり調査したりする人もいれば、目撃者にインタビューを行う人、次々に理論を提示する人もいます。世界中で毎日新たな目撃例が報告されており、ＵＦＯ自体もこれまでになく好意を示そうとしているようです。最近ではドローンも論破争いに加わりましたが、こうした目撃例がメタンガスや気象観測気球、人工衛星、レンズ内部で反射した光（フレア）、鳥といった、通常の否定論によって却下されることはますます少なくなっています。また、それらが極秘の軍用機だとすれば、軍は明らかに、「極秘」扱いにもかかわらず多くの目撃の原因となるものを発射していることになります。

他の世界からの船でしかあり得ないものの存在は否定しようがなく、目撃者の証言や写真、ビデオ録画によって十分に裏付けられています。したがって、この点において本書が追加できるものは、あったとしてもほんのわずかです。

前著『スペース・ブラザーズ――助けるためにここにいる』では、世界各地にいた現代の初期のコンタクティー（宇宙人と接触したと主張する人物）に由来する情報に基づき、地球外生命の訪問の目的を解明することに焦点を当てました。そうしたコンタクティーの説明や経験は、政府や軍の偽《にせ》情報に汚染されていませんでした。その結果、スペースピープル（宇宙人）の努力が惑星や宇宙を含むすべての生命の内的連結性をいかに指摘しているか、そして、彼らのメッセージが人類自身の共有されてきた知恵の伝統といかに関連しているかを示す、説得力のある説明が提供されました。

私たちが本来一つであるという事実を、何の報いも受けずに無視し続けることはできないということを、私たちは現在、人間生活のあらゆる部門で見いだしつつあります――この霊的な実相《リアリティー》に目もくれないことから生じる危機は、前例のない速度で深刻化しています。経済成長は回復するという、経済専門家や株式市場アナリストが出す保証は、身近なところにたくさんありますが、差し迫った崩壊に関する警告もそれと同じくらい多くあります。経済成長が回復するという保証にしても、「いつも通りの業務」という体裁をうまく保っている金融の魔法に基づいているにすぎません。

多くのコンタクティーに対して予告されたように、私たちが何百万年もの間、生命の基本的な霊的実相《リアリティー》を無視してきたという事実が、私たちを地球規模の災厄の瀬戸際へと追いやったのです。非常に長い間、貪欲《どんよく》と競争と共に生きてきたため、私たちはそれを自然界の事実として受け入れるようになりました。私たちの多くは、人間の尊厳をおとしめたこの二つのものがない生活を想像することすらできません。一方、グローバルエリート層は嬉々《きき》としてこの神話を助長し、考えられるあらゆる公共サービスや人間の必要《ニーズ》から利益を得るために、その神話をうまいこと政府の政策へと変えています。

否定論者《デバンカー》や中傷好きな人々は、初期のコンタクティーのメッセージを「新興宗教的」と分類したり、おそらく見くびったりすることを好みます。しかし、本書は地球規模の危機を背景として、彼らが実際には、長年の懸案であった私たちの人間性の回復への先導者であり道標であったということを明らかにするでしょう。

なぜ地球外からの訪問者が姿を見せないのかという疑問に取り組んだあと、この本は、多くのコンタクティーから来る情報は不朽《ふきゅう》の知恵（叡智）の教えと一致しており、彼らの報告がいかに宇宙における私たちの孤立について説明し、従来の社会構造にかわる代替案を示し、さらに人類の前方にある道を示唆しているかについて、更なる証拠を提示しています。

さらに、章ごとの補足記事は、読者にとってなじみのない、あるいは物議を醸《かも》している概念のための基本的事実を提供しています。同じように、各章の補遺は、追加的な背景情報を基にして一つの側面について詳しく説明しており、こうした情報は読者の理解を深めるものであることが期待されます。

UFO研究《ユーフォロジー》やコンタクティー時代について学ぶ人々は、世界の出来事において、そして人類自身の知恵の伝統において確認され、解明されている多くのことを本書の中に見いだすでしょう。逆に、不朽の知恵の教えを学ぶ人々は、その教えがスペースブラザーズ（宇宙の兄弟たち）に由来する情報によって裏付けられていることが分かるでしょう。

一九五八年にすでに、ジョージ・アダムスキーはこう述べていました。「UFO目撃類の現象があまりにも強く注目されて、スペースピープルが示してくれた進歩した生き方に充分な考慮が払われませんでした。……これは私の意見ですが、すべてのＵＦＯ研究グループは、彼らの目撃調査をスペースピープルから与えられた情報のまじめな研究と結びつければ、不和は解消し、発展的な生き方が彼らの前に広がるでしょう。ブラザーズから来るコミュニケーションは〝きれい事《ごと》〟なのではなく、私たちの日常生活に対する、生き甲斐のある、役に立つ規範であるからです[1]」

『転換期にある惑星――いかに正義と自由は実現されるのか』は、この表明の妥当性を疑問の余地がないほど明確にするでしょう。なぜなら、それから六十年近く経過し、本書で明らかにされる「日常生活に対する規範」は、私たちの生存にとってかつてないほど決定的に重要になっているからです。

二〇一五年八月、アムステルダムにて

ゲラード・アートセン

(1) ジョージ・アダムスキー／久保田八郎訳『ＵＦＯ問答100』中央アート出版社、一九九〇年、問58 九五～九六頁（一部改訳）

謝辞

筆者は、資料を使うことを許可してくださったすべての方に感謝の意を表します。筆者はまた、不朽の知恵の教えをたゆまず明瞭にしてくださるベンジャミン・クレーム氏に対してとこしえに恩を受けています。

目次

第一章　地球外生命の存在——木を見て森を見る

地球外生命の存在を確認する十数名の当局者による公の証言を見たり聞いたりすることは、力強いディスクロージャー（情報開示）となる、と最近の六分間のビデオ資料「ＵＦＯ／ＥＴのディスクロージャーに関するナンセンスを終わらせよう[1]」を見た人なら誰でも同意するでしょう。これらの証言のどれも新しいものではありませんでした――すべて、過去六十年にわたって別々に発表されてきました。また、そのどれも、主流派メディアがこの主題に対して、それが受けるに値する成熟した思慮深い扱いを与えるほど説得力のあるものではなかったようです。しかし、それらをひっくるめて見てみると、積極的なディスクロージャーの否定し難い全体像が浮かび上がります。そうしたディスクロージャーは、一般大衆から地球外生命の存在を隠すことに責任を持つ当局――政府や科学界、軍――という領域そのもので活動的であった、あるいは今でも活動的である人々によって行われました。

こうした発言のほとんどは、前著『スペース・ブラザーズ――助けるためにここにいる』でも取り上げられ、公式に発表しようとする当局者がますます増えていることを明らかにしました。その中には、国際チェス連盟（ＦＩＤＥ）会長であり元カルムイク共和国大統領のキルサン・イリュムジーノフ、ローマ法王ヨハネ二十三世、アポロ十四号の宇宙飛行士エドガー・ミッチェル、イタリアの領事アルベルト・ペレーゴ、ハンガリーの科学者アーヴィン・ラズロ、元ニューハンプシャー州議会議員ヘンリー・マックエルロイ、元アメリカ空軍大尉ロバート・サラス、元カナダ副首相・防衛大臣ポール・ヘリヤーがおります。多くのほかの軍当局者や政府当局者、ますます多くなってきている著名人をこのリストに加えることができますが、私の二冊目の本の発行以降、声を上げた要人の更なる例に気がつきました。

　最初は、ブルガリア宇宙研究所の次長ラチェザール・フリポフに関係するものです。彼は二〇〇九年にこう述べました。「異星人は現在、私たちの周りの至るところにおり、いつも私たちを見守っています。彼らは私たちに対して敵対的ではなく、むしろ、助けたがっています。しかし私たちは、彼らとの直接的なコンタクト（接触）をするほど十分に成長していません[2]」。ブルガリアの科学機関は、フリポフ氏の発言が話題を呼んだことに当惑し、地球外生命の地球での存在に関わる場合の科学界の良き伝統に従って、この主題に彼が公に関与したことへの失望を、フリポフ氏の地位を剥奪《はくだつ》することによって表現しました。しかし、彼は沈黙するつもりはなく、ブルガリアBTV局の朝番組「タズィ・ストリン（今朝）」で、二〇一二年にこう確認しました。「私は、自分が持っていたすべての地位から引きずり降ろされました。同僚たちは、私がその存在に関わり、それを認めていることや、地球外知性の存在を伝えていることに当惑しています[3]」

　彼は同じインタビューで、ヨシフ・スターリンが報告を受けた、一九四二年のスターリングラード（現在のボルゴグラード）上空のUFO目撃についても描写しました。フリポフ教授は、自分の上司がソビエトのロケットエンジニアであり宇宙船設計者であるセルゲイ・コロリョフから聞いた話として、次のように語りました。「一九四七年にスターリンはコロリョフを呼んで、『この四つか五つのファイルを持っていきなさい』と告げ、UFOに関して集められた情報の分析のために三日間彼を部屋に閉じ込めます。三日後、コロリョフは出てきて、こう言います。『これは並外れて興味深いテクノロジー（科学技術）です。当面、私たちには何ら危険をもたらしませんが、私たちはそれについて何も知りません』と。この瞬間から、このファイルやすべての文書はKGB（ソ連国家保安委員会）に行くことになります」

各国政府の最善の努力にもかかわらず広がりつつある黙示的な、脱線したディスクロージャーの追加的なエピソードとして、ロシア首相であり元大統領であったドミートリー・メドベージェフが二〇一二年十二月七日に記者に述べたコメントがあります。それは放送されないはずのものでしたが、インターネット上に流れると、世界中にかなり広まりました。「大統領は、核兵器の発射コードの入ったブリーフケースと、この惑星を訪れた地球外生命だけを扱っている特別な『極秘』フォルダーを受け取ります。その報告書は、我が国において地球外生命に対処している特別な機密機関によって提供されます(4)」

もしこのファイルが、一九四七年にコロリョフ氏が閲覧し、長年にわたって情報が追加されてきたと推測されるファイルだとすれば、ロシアの歴代大統領は、一般大衆は言うまでもなくアメリカの歴代大統領よりも有利な立場にあるように思えます。元クリントン大統領首席補佐官ジョン・ポデスタが二〇一五年二月にバラック・オバマ大統領の顧問を退いたとき、「またしてもUFOファイルの開示を保証できなかった」ことについて後悔の気持ちを表明しただけのことはあります。一般大衆への公式の開示の重要性に関して、二〇〇二年に「情報の自由のための連合」が開催した記者会見で、ポデスタ氏はこう述べました。「世の中にある真実とは実際のところ何なのかを見いだすべき時です。それは正しいことですから、私たちは本当に、そうすべきです。アメリカ国民は真実に対処することができますから、私たちは極めて率直に、そうすべきです。また、それは法律でありますから、私たちはそうすべきです(5)」

一九五〇年代後半にすでに、カナダのエンジニアであり政府系研究者であったウィルバート・スミスはこう述べていました。「このすべては知られているのか、なぜ公にされてこなかったのか、原爆の代わりに、なぜこうした事柄は研究されていないのか、と私たちは問うかもしれません。それはずっと公にされてきた、というのがその答えです」。しかし、彼はこう付け加えています。「社会を統制している人々は社会の現状に満足しており、生活の安定を乱しそうな、何かを変えようとする試みに抵抗するものです(6)」。彼の観察は、大気物理学者ジェームズ・マクドナルドのコメントでも確認されました。マクドナルド氏は、空軍基地レベルでUFOに関する情報を漏らした場合は一万ドルの罰金もしくは禁固十年の刑に処するという、一九五〇年代にアメリカ政府が始めた政策をおおっぴらに批判しました。「その結果として、科学的調査に類するものは過去十五年間全く行われていません(7)」

ジョージ・アダムスキー（＃39頁）は一九五八年六月の「コズミック・サイエンス」ブリティンで、一九五三年八月二十六日付で当時の空軍長官ハロルド・タルボットが設けた空軍規定第二〇〇-二号の一部を転載しました。それは、空軍が受け取る本物のUFO報告はすべて一般大衆から隠されなければならないことを暗示していました。「目撃に関する情報は、関係する空軍基地の司令官によって報道機関や一般大衆に公開されるかもしれませんが、それがなじみのある既知の物体として明白に識別された場合のみです(8)」

初期のコンタクティーの一人、ハワード・メンジャーも一九五九年にすでに、各国政府の沈黙の理由について極めて明快に述べていました。「経済が混乱してしまうからという理由で、特に政府当局者は語るのを拒否します。彼らが得た知識は、全く異なった生活様式を描き出します。それは人間の法というよりはむしろ、神の法の下で生きることです。たいていの機械的なエネルギー源は時代遅れになるでしょう(9)」

ウィルバート・スミスの疑問と同じように、地球外生命の存在を事実として受け入れる多くの人々は、次のように疑問に思います。「彼らはなぜ自らを公に示さないのか」「なぜ大規模着陸によって自らの存在を証明しないのか」「なぜあまりにも素っ気ない態度を取り続けるのか」と。同じ考えを表す似たような言い方はほかにもありますが、こうした考えは一九五〇年代の現代コンタクティーの時代の当初から表明されてきました。

このような疑問に答えて、ジョージ・アダムスキーはこう説明しました。「……スペースピープルの正体や地球へ来る目的に関する理解がなければ、彼らの突然の訪問は確かに恐怖すべきものとなるでしょう(10)」

彼はのちにこう付け加えました。「スペースピープルは地球に滞在中は目立たないようにしており、厳密に地球人の習慣に従っています。というのは、彼らは進歩した人類が宇宙空間で私たちを取り巻いていることを多くの地球人が依然として信じたがらない事実に気づいているからです。彼らスペースピープルは、自分たちがコンタクトする相手は嘲笑されることを知っています(11)……」。彼がファーコンと呼んだ火星人のコンタクトの相手は、まさしくこう言いました。「私たちは秘密裏に会見することを喜びません。それどころか訪問を歓迎されたいですし、他の惑星の人々とやっているのと同じように地球人と会見したいのです。しかし私たちの訪問が理解されず私たちや宇宙船が危険にさらされる限り、現在のような警戒をつづける必要があるのです[12]」

小説『アミ 小さな宇宙人』の中で一九八五年の自分の経験について書いたチリの作家エンリケ・バリオスは、宇宙からの訪問者たちのやり方がこれまでそうであったように、個人に話すことは「地球の発展進歩への干渉とはちがうんだよ。もし公の場にはっきりとすがたをあらわしたりおおぜいの人々とコンタクトをとったりしたならば、それは干渉だよ[13]」と告げられました。もし大量に着陸したりすると、「何千人ものひとが心臓まひを起こすのは目に見えているよ。ちょうど例の侵略者《インベーダー》の映画のようにね。われわれはそんなに非人道的ではないから、それはできない[14]」

ハワード・メンジャーもこう述べました。スペースピープルは、理解できない人々に高度な知恵を押し付けることによって、進歩度のより低い文明を意図せずに破壊してしまう危険性を認識しているため、「彼らは私たちに教える方法については細心の注意を払っています[15]」と。そして、ほかのところで次のように付け加えました。「大量着陸や大規模露出のようなものは混乱を引き起こすだけでしょう。軍が即座に関与し、世界中の政府が混乱に陥り、各国が自国の利益を追求するでしょう。ヒステリーが起こり、おそらくパニックになるでしょう。したがって、人類のために、スペースピープルは用心深く私たちに近づくのです[16]」

一九五〇年代にスペースピープルと共に働いたイギリス人の秘教徒《エソテリスト》、ベンジャミン・クレームはこう述べました。「彼らは着地して、大きな音を立て、彼らがここにいることを公に発表することもできるでしょう。しかし彼らはそうしません。彼らは静かに、繊細に接触します。私たちがパニックに陥らないようにするためです。彼らを見つけて人々が恐れてパニックに陥るならば、彼らはただ黙って去るでしょう。人々が恐れず、パニックに陥らないならば、何かが起こるかもしれません[17]」。メンジャー氏のコンタクトの相手が彼に告げたように、「この世界のすべての人々をいっぺんに納得させることはできない、と私たちは認識しています。いずれにしても、それはいい考えではないでしょう。そのようにすれば、低い進化段階にある人々にとって大きなショックとなるでしょう[18]」

一九六五年頃、オランダ人のコンタクティー、ステファン・デナエルドは、同じようなことを知らされました。「知的な人類の宇宙での孤立は、最低限の文化レベルに到達した時にのみ、解消させることができます。私たちはそれを『社会の安定』と呼びます[19]」。実際に、彼のコンタクトの相手はこう言いました。「私たちにとって最も大切なことは、あなたがたの思想の自由が損なわれないようにすることです。思想の自由は人間の本質であり、もし私たちがそれを損なってしまったら、私たちの倫理に照らして、罪を犯していることになります。したがって、あなたがたには確信ではなく、知識だけを伝えるでしょう[20]」。そのようなわけで、彼らはこう促しました。「あなたの本を明確な空想科学（SF）のスタイルで書き、反論できない論理としてその本を使うことができないように、いくらか不正確な部分も組み込んでください。信じるか信じないかは人々の選択に任せなければなりません。本当に起こったことなのかと誰かがあなたに尋ねたら、それを否定し、純粋な想像だと言わなければなりません。その本を手に取る運命にある人々はこう言うでしょう。『それが本当に起こったかどうかには関心がない。私にとって、それは真実だ。それは私の洞察を変えたのであり、私は今、意識的に生きている。私はいのちの背後にある意味を知っている』と。（……）

信じてほしいと決して努力しないでください。あなたの義務はこの情報を公表することだけであり、それ以上ではありません」[21]

したがって、それよりも十年前にアダムスキーが次のように書いていたとしても、驚くには当たりません。「彼らが私に頼んだのは、彼らの知識を地球のすべての同胞に伝えてくれというだけである。私はそれを実行するつもりだ。信じるか、信じないか、高度な知識から恩恵をこうむるか、それとも嘲笑と疑惑の中にその知識を投げ捨ててしまうか、それは各人にまかせよう」[22]

自分自身がＵＦＯ研究家でありコンタクティーであったウィルバート・スミスが述べたように、「他の人々の事情に干渉してはならないという宇宙の法則があります。そのため、たとえ簡単にそうすることができるとしても、彼らは直接助けることを許されていません。私たちは自分の自由意志により自分で選択しなければなりません。現在の傾向は、こうした人々の援助を必要とするかもしれない一連の出来事を示唆しており、彼らはそうした援助をしようと用意を整え、喜んでそうしようとしています。彼らは実際、私たちの選択の自由に干渉しないような線に沿って、すでに私たちをたくさん援助してきました」[23]

「援助と干渉の境界線は確かにとても繊細であり、見抜くのが難しいときもありますが、私たちがどれだけそれを大事にし、それに導かれているかということは、個人の場合でも集団の場合でも進歩のしるしなのです。（……）すべての個人に独立と選択の自由を授けている基本的な宇宙の法則があります。それによって、その人は自分の体験から経験を積み、学ぶことができます。他人の事情に干渉する権利を持つ人はおりません。実際のところ、『十戒』は、干渉しないようにという指示なのです。この法則をないがしろにすれば、その結果を被らなければなりません。少し考えてみれば、現在の嘆かわしい世界の状態は、この原則の侵害に直接起因することが明らかになるでしょう[24]」

宇宙からの訪問者たちがこの「主要な指令」を真剣に受け止めていることは、たいていの人がその存在に気づくことなく多くの者が私たちの中で暮らし働くほど、彼らがなぜ目立たないようにしているかについての説明にもなります。例えば、ジョージ・アダムスキーにコンタクトをした訪問者は彼にこう言いました。「私たちはこの地球で生活して働いています。そのわけは、ご存知のように、地球では衣類・食物その他人間が持たねばならない多くの品物を買うために金を儲ける必要があるからです。私たちはすでにこの数年間、地球に住んでいます」

彼の火星人のコンタクトの相手、ファーコンはこう説明しました。「仕事やレジャータイムのときは地球人と混ざっていますが、別な世界の人間だという秘密は絶対に洩《も》らしません。充分におわかりのように、洩らせば危険になるのです。私たちは、ほとんどの地球人が自分を知るより以上に地球人のことをよく理解していますし、地球人をとりまいている多くの不幸な状態の理由もはっきりとわかります」

「あなたが他の惑星に人間が存在することを主張しつづけておられる一方、科学者たちが他の惑星の生命維持は不可能だと言っているために、あなたが嘲笑と非難に直面しておられることは私たちにわかっています。ですから、私たちが自分の**故郷**は別な惑星だとほのめかしただけでも、この身にどんな事が起こるかは容易に想像できるでしょう。その簡単な事実――ちょうどあなたが生活して学ぶために他国へ行くように、私たちが働いて何かを知るために地球へ来たという事実を口外しようものなら、気違い扱いされるでしょう」

「私たちは故郷の惑星へ短期間帰ることが許されています。ちょうどあなたが環境の変化を望んだり旧友に会いたくなったりするのと同様に、私たちもそうするのです。もちろん地球の知人から怪しまれないように、公休日とか週末にそうした留守をする必要があります[25]」

ハワード・メンジャーのコンタクトの相手はこう確認しました。「私たちの民の多くがあなたがたの中におり、あなたがたに混じっており、観察し、可能なところで援助しています。彼らはあらゆる階層の中にいます——工場、事務所、銀行で働いています。地域社会や政府内で責任ある立場についている者もいます。掃除婦であるかもしれないし、ごみ収集人である場合さえあります[26]」。したがって、ベンジャミン・クレームが説明しているように、もし宇宙からの訪問者が「宇宙の兄弟たちのために秘密裏に働いている場合、その人はあなたにとって普通の人のように見えるでしょう。その人が他の惑星から来ているとか来ていないとか区別することはできないでしょう[27]」

こうした低姿勢を保つために、彼らは現に、ときどきコンタクティーの助けを求めることがあります。この点についてメンジャーは詳しく述べています。「気がつくと、やや物質的な方法で実際に助けていることもありました。私はそのような機会を、指導期間と同じくらい楽しんでいました。よく衣服を購入し、コンタクト地点に持っていきました。他の惑星から到着したばかりの訪問者は、人々の中にいても気づかれないように、地球の衣服に身を包まなければなりませんでした[28]」。しかし、「彼らは決して、身分証明書類を入手してくれとか、仕事を見つけるのを手伝ってくれと頼むことはありませんでした。適度に気候に順応し、私たちの風習に慣れたあと、そうした事柄については自分たちで対処することができるようでした。いったん衣服をまとい、風習について徹底的に指示を与えられれば、あとは自分たちでやり、何の困難も覚えないようでした」[29]

ジョージ・アダムスキーはこう説明しています。「宇宙の旅行は近隣の惑星群の人々にとって新しいことではないことを思い出して下さい。彼らは長い時代を通じて地球へ来ていますので、家族のきずなや友情などは世界中にうまく確立されているのです。……また、個人の身分証明書類は比較的最近の要求で、特にアメリカではそうだということを思い起こして下さい。……私たちは個人の身分証明書について多くの面倒な目にあいますが、実際にはほとんどの書類を入手するのはさほど困難ではないのです」[30]。『スペース・ブラザーズ――助けるためにここにいる』で実証されたように、一九五六年に始まった、百人を優に超えるイタリア人との「フレンドシップ・ケース（友情の事例）」のコンタクトに関して、よく似た報告が明るみに出ました[31]。

もう一人のアメリカ人のコンタクティー、バック・ネルソンもまた、宇宙からの多くの訪問者が私たちの中にいると語りました。「私が話をした人たちは英語をたいへん上手に話しました。自分たちがコンタクトをしている人々の言語を学ぶようです。多くの者が私たちの中にいる、と彼らは私に語りました。政府関係者を船内に招いたことさえありますが、政府関係者は失うものが多すぎるため、それについて話すことを恐れています。私の身に何が起こったとしても、そのために苦しむ家族はおりません」[32]。宇宙からの訪問者が厳格に守る思想の自由に甚《はなは》だしく違反することであり、さらにジョージ・アダムスキーやイタリア人ジャーナリスト、ブルーノ・ギバウディら多くのコンタクティーの体験(33)とも似通っていることですが、ネルソンは次のようにほのめかしました。「脅されたと言うことはできませんが、この話を二度としないのであれば千ドルの小切手を提供すると言われました(34)」

スペースピープルはいつも、自分たちがコンタクトする人々が直面する反発に十分気づいていました。アダムスキーのコンタクトの相手であるラミューが語ったように、「私たちが語り合った地球人として、あなたがその最初でもなければ唯一の人でもありません。私たちがコンタクトした人は地球の各地にたくさんいます。そのなかには、自分の体験をあえて話したばかりに迫害された人々もいますし、いわゆる〝死〟に至った人も少数います。その結果、多くの人は沈黙を保っています(35)」

ＵＦＯ目撃例に関する研究を真剣に受けとめていないとしてアメリカ政府を批判していたジェームズ・マクドナルド博士は、一九七〇年に悲惨な実例となってしまいました。議会委員会の聴聞中に、オゾン層に悪影響を与える恐れのある超音速旅客機の開発に対して反証をあげたことにより、ひどく恥をかかされたあとのことでした。飛行機の建造が行われる地区の議員が、マクドナルド博士は「小さな緑の男たち」を信じていると言い、信頼性に問題があると述べたのです。ＵＦＯという主題に対する科学的アプローチへの傾倒は、すでに夫婦間の問題につながっていました。公の場で辱めを受けたあとで妻が離婚を申し出たとき、悲しいことに、博士は自らの命を絶つ決断をしました(36)。

したがって、地球の各国当局は、一般大衆が地球外からの訪問者という現実《リアリティー》について知るのを阻止するために力の及ぶ限りのことをしてきた一方で、宇宙から来る人々は、自分たちの存在という現実を、準備のできていない地球の人々の心に押し付けることのないよう、常に細心の注意を払ってきたのです。しかし、彼らは自分たちの存在を示すのに決して内気ではありません。観客やテレビカメラを伴った目撃例においては、メディアやその他のプロによる以下の最近の目撃例が示しているように、ますます内気ではなくなっています。

二〇一四年七月十七日、キャスタネットの撮影クルーがカナダの西ケロウナでスミス川の山火事の模様を撮影していました。地元の消防署長にインタビューをしている間、消火飛行機が森林火災の現場に難燃性の積み荷を投下する映像が流れていました。背景になっている山の上の雲の背後から、明るくて丸い物体が飛び出してきて、澄んだ青空の一画を素早く横切っていくのを見ることができます。キャスタネットはその目撃に関するオンライン報道で、「UFOハンターズ」のウェブサイトの内容を引用しています。アメリカとの国境近くのブリティッシュコロンビア州ケレメオスから、二百二十一キロ北方の同州サーモンアームまでの区域で、二〇〇八年以降、三十二回のUFO目撃が報告されているという内容です(37)。

二〇一五年二月十日の朝、ペルーの犯罪防止番組の制作チームが首都リマのミラフローレス地区で撮影をしていました。その番組で司会を務めていたのは、国会議員でもあるレンゾ・レッヒャルドでした。「今週のペルー」というウェブサイトにはこう書かれています。「レッヒャルドがちょうど『アルト・アル・クリメン(犯罪防止)』という番組の撮影を始めたとき、カメラマンが遠くの空を漂っている何かに気を取られました。漂っている物体をもっとよく見るために、撮影が少し延期されました」。ほかの人々もその不思議な船を目撃し、制作チームのメンバーがその物体のビデオをユーチューブにアップロードしました[38]。

二〇一四年四月、オーストラリアの撮影クルーがニュージーランドの各所を巡り、チャンネル74の「あなたの生活の色」という美術番組のために画家にインタビューを行っていました。四月三日には南島のクイーンズタウンで、その番組のオープニングシーンの撮影をしていました。一カ月後に放映分を編集していたところ、番組の司会者グレイム・スチーブンソンは、背景の雑木林から二機のUFOが現れ、猛スピードで空を横切っていくのに気づきました。長距離を移動するのにほんの一秒しかかからなかったため、撮影中は誰もその物体に気づきませんでした[39]。

これらは、かなり地域的なレポートや番組における世界各地での目撃例の一部ですが、この世のものでない光や実際の宇宙船を空中に見たとき、制作者たちは時として事後に、現場の目撃者たちと同じくらいびっくりしています。ほとんど毎週のように、似たような報告を追加することができます。もちろん、いつものでっち上げや売名行為もあります。否定論者はそれを、どのような目撃も真面目に受けとめるべきでない証拠として大喜びで歓迎します。二〇一三年九月九日にカナダ・バンクーバーのナット・ベイリー・スタジアム上空で行われたスペースセンターの宣伝用曲芸飛行[40]や、二〇一五年二月二十八日のアルゼンチンのニュース専門局トド・ノティシアスによるニュースの生中継がそうした例です。この生中継はインターネットでかなりの物議を醸しましたが、ニュース局がもともとの放送内容をウェブサイトに掲載したとき、捏造《ねつぞう》されたものだということが分かりました。(41) しかし、以上の例に照らすと、そうした捏造された出来事は、地球外生命の存在事実を立証するのに役立つだけです。反証を自分で作り出す必要性を感じる人々がいるほどだからです。

今日のいたずら好きや否定論者さえもまごつかせるに違いない一つの目撃例は、二〇〇六年十一月のシカゴ・オヘア国際空港ゲートC17の上空のものです。それは二〇〇七年一月一日にシカゴ・トリビューン紙によって最初に報道されました。(42) ほぼ間違いなく、その報道の最も記憶に残る部分は、記事を書いたトリビューン紙のジョン・ヒルケビッチと地元のケーブルニュースネットワークCLTVの司会者との、インタビューの準備をする時の非公式のやりとりです。ユーチューブで視聴できるそのやりとりは、空港関係者と操縦士の目撃証言を含めて証拠が明らかとなったため、主流派メディアの二人の記者が興奮を分かち合っている様子を示しています。(43)

同様に、二〇一〇年に中国で、様々な人々によって撮影された複数のUFO目撃例がニュースとなり、そのうちの一部は空港閉鎖を引き起こしました。同年七月七日、上海の南西にある杭州市で、そして七月十五日、上海から西に千七百キロメートル離れた重慶市で、そのような事例がありました。(44) 二〇一一年八月二十日午後九時には、広州発上海行きの中国南方航空六五五四便のパイロットが巨大な宇宙船を目撃しました。彼が航空交通管制部に状況を報告したとき、少なくとも他の十機からすでに報告を受け取っていると告げられました。これは上海と北京の上空に同時に見られ、拡大する丸い白い雲として写真に収められました。(45)

最近では、地球外からの船は、テレビ放映された大きなイベントにも現れるなど、内気ではないようです。二〇一一年九月三日、インディアナ州ノートルダムのノートルダム大学スタジアムで、雷雨のため地元のファイティング・アイリッシュ・チームと訪問中のサウス・フロリダ・ブルズとの試合が中断したため、アメリカのテレビ局NBCがカメラの一つを空に向けながら避難行動について報告していたところ、いくつかの明るい白い物体が、先ほどまで稲光を発していた、不吉そうに見える大きな雲の中に飛び込んでいく様子がとらえられました。(46)

スポーツイベントの上空での目撃例は、一九五四年からすでに報告されていました。その年、イタリア・フィレンツェのスタディオ・アルテミオ・フランキの観客は、試合ではなく、頭上を飛んでいたいくつかの物体に興奮してどよめき、審判が試合を中断させるほどでした。(47)目撃例全般と同じように、別の世界の観客による参加も増加しているようです。例えば、似たような目撃例が、

中国の買い物サイトの有名な最高経営責任者ワン・シン・ウェンは2011年8月23日、中国・上海の外灘（バンド）ウォーターフロントから何枚かの写真を撮っていた。彼女は、このうちの１枚について、有名なテレビ塔の右側に大きなＵＦＯが写っているのに気づいた（○で囲まれている）。彼女は両方の写真を中国のブログサイト「新浪微博《シナ・ウェイボー》」で公開した。

二〇一二年七月二十七日の午前零時半、開会式の花火が終わろうとしていた頃にロンドンのオリンピック・スタジアム上空で、[48]二〇一四年一月六日にドイツ・ブレーメンのヴェーザーシュタディオンで、[49]そして二〇一四年四月九日にアルゼンチン・バホフローレスのヌエボ・ガソメトロ・スタジアムで報告されています。[50]（面白いことに、BBCロンドンのウェブサイトの報告によると、UFOは二〇〇九年五月、ロンドンのオリンピック・スタジアムが建設途中であった時にすでに上空に現れていました。[51]）

ほかの大いに宣伝されたイベントの中には、選挙三日前の二〇〇八年十一月一日、アメリカ・コロラド州プエブロで当時の民主党大統領候補バラック・オバマによって行われた選挙演説も含まれます。そのUFOは、MSNBCの演説映像を見た人が見つけました。また、二〇〇九年一月二十日、大統領に選出されたオバマ氏のワシントンでの就任演説が始まる約三十分前、イベントのために集まった群衆をCNNのカメラが撮影していたところ、円盤のように見える物体がワシントン記念塔を通過して群衆の上空を飛び、視界から消えていきました。[52]

UFOによって観察された一つの大衆行事は、二〇一三年のマハ・クンブメーラでした。これはインドの四つの都市の一つで三年に一度開催される世界最大のヒンズー教徒の集まりです。二〇一三年一月十四日から三月十日まで、推定一億人が沐浴の儀式のために、アラハバードにある聖なるガンジス川とヤムナ川のサンガム（合流点）を訪れると予想されていました。二月九日、推定八百万人が川岸に集まっていたとき、インド在住の著名なイタリア人芸術家シモーナ・ボッキはアラハバードにいて、合流点上空の写真を何枚か撮りました。よく見ると、その写真の一枚に、裸眼では見えなかった宇宙船が写っていました。ボッキ氏は長い間、地球外生命は存在すると考えてきましたが、近年では目撃するようになり、ときどき絵の中で描いています。

ベンジャミン・クレームは、知恵の覚者方《マスターズ・オブ・ウィズダム》、つまり人類の兄たちが現在、すべての人のための正義と自由が実現する新しい時代《ニューエイジ》への安全な移行を監督するために、日常世界へと戻りつつあると述べています。その覚者方の一人とのテレパシーによるコンタクトと仕事を通して、クレーム氏は自分自身が編集長を務めるシェア・インターナショナル誌において定期的に、地球外から来た船の目撃例を確認し、目撃された宇宙船がどこから来たのかを付記することもよくあります。ボッキ氏の写真の場合には、クレーム氏の覚者は進んで追加情報を提供してくれました。「宇宙船の乗員たちはメーラの写真を撮っていた。火星の人々は、地球で起こっていることに非常に関心を抱いているが、全員が宇宙船で旅するわけではない。しかしながら、そうしたものを見せるためにここに連

2013年2月9日にインドのアララバードにおいて、マハ・クンブメーラの上空で撮影されたUFO。（写真：© Simona Bocchi）

れて来られる者たちもいる」(53)

知恵の覚者と日常世界で働く弟子の一人とのこうしたテレパシーによる連結《ラポート》についてよく知らない多くの人にとって、これは現実離れしているように思えるかもしれません。しかし、初期のコンタクティーの体験についてよく知っている人にとっては、惑星間の旅行という概念は全く異質のものではありません。例えば、ジョージ・アダムスキーは母船への最初の訪問中、金星から来たホスト（訳注＝客をもてなす人の意）の一人、カルナから次のように告げられます。「このような宇宙船はたくさん建造されています。金星ばかりでなく火星、土星、その他多くの惑星で造られているのです。しかしこれらは一つの惑星が独占的に使用するのではなく、宇宙の全同胞愛のもとにあらゆる住民の教育や遊びに使用する目的をもっているのです。人間はもともと偉大な探険者です。したがって惑星間の旅行は少数の人の特権ではなく万人の権利です。三カ月ごとに各惑星の住民の四分の一がこれらの大船団に乗り込んで宇宙旅行に出発し、途中で他の惑星に着陸しますが、これは地球の客船が外国の港へ寄るようなものです。こうして私たちは大宇宙を学び、地球のバイブルに述べてあるように、〝父〟の家のなかの〝多くの館《やかた》〟をもっと多く直接に見ることができるのです」(54)

アダムスキーはのちに、質問に答えてこう付け加えました。「生来、人間は旅行者です。人間は新しい場所を訪れたり新しい景色を見たり新しい人々に会ったりするのを楽しみます。他国で数カ月または数年をすごすことができて、そこの言葉や習慣を学び、接触するようになった人々から新しい考え方を知らされたりするこの世界の幸福な人たちは、この方法だけでも多くの知識を得ます。（……）地球の貨幣制度のために大多数の地球人が遠方への旅を楽しめないのは残念なことです」(55)。

ところが、他の惑星では、ステファン・デナエルドのコンタクトの相手によると、「私たちには貨幣がありませんが、希望すれば誰でもこのように休暇旅行をすることができます[56]」

彼らの生き方をもっと学ぶために地球人が宇宙船に乗せられ、別な惑星に連れて行かれることも可能になるだろう、とアダムスキーは付け加えました。「このような旅行が可能になると私は信じます。しかし地球人が大気圏外から来る人々に敵意を持ちつづける限り、または彼らの宇宙船が近くへ飛来するときにひどい恐怖をもって反応を示すならば、こんな別惑星行き休暇旅行は望めません[57]」

数人のコンタクティーは、宇宙から来たコンタクトの相手がどれほど私たちの惑星の美しさを称賛しているかについて語っています。イタリア人のコンタクティー、ジョルジョ・ディビトントは、ラファエル（つまり、アダムスキーの言うラミュー）と初めて会った時にこう告げられました。「何て美しいのでしょう。……・あなたがたの地球は、宇宙で最も美しいものの一つです。しかし、それにもかかわらず、地球は危険な状態にあります。想像を絶する破壊を企てる者たちの誇りと利己主義のせいです。ごく初期の頃から、私たちはあなたがたを助けようと、あなたがたが今地球にもたらそうとしている破局を阻止しようと、あなたがたとその行動に良い影響を及ぼそうと努めてきました。しかし、あなたがたが完全な自由をもって発達を遂げるようなやり方でしか、そうすることはできません。私たちの間には、他の人々に対して強制力をふるいたいという欲望は一切ありません。私たちは権力を渇望しません[58]」。のちのコンタクトで、ラファエルは地球のことを「宇宙の父の王国の中で最も美しい居住地の一つ[59]」として語りました。同じように、オランダ人のコンタクティー、ステファン・デナエルドはこう告げられました。「ここは、まばゆい光を放つ青い惑星、優美な、足の長い人類の故郷です。私たちが知っている最も美しい惑星の一つです。[60]……」

政治的な意味を持つそれほど正式でないイベント、しかし今日の世界に必要な変化という観点からはおそらくより重要なイベントもまた、宇宙からの訪問者たちからのそれなりの注目を引き付けています。二〇一二年十一月十二日、ドイツ・ベルリンのブランデンブルク門上空で、デモ行進が終わって群衆がステージでの宣言を聞こうとしていたとき、デモ参加者の一部がＵＦＯを目撃しました。[61]また、二〇一三年六月、ブラジルでの大規模な抗議行動の間、サンパウロ中心部のラルゴ・ダ・バタータで抗議している群衆の上空で、輝く光の球として現れたＵＦＯがビデオ撮影されました。デモ行動は、いくつかのブラジルの都市での公共交通機関の料金値上げに抗議するために同年四月に始まりましたが、集会が続くにつれて他の社会問題も含むようになりました。六月十七日に見られたＵＦＯは、六月二十日にインターナショナル・ビジネス・タイムズで報じられたように、否定論者の流儀に従って、多くの人々によってドローンだとしてすぐに切り捨てられました。しかし、いくつかのＵＦＯウェブサイトは、ＵＦＯのビデオと一緒に、はっきりとドローンと分かるビデオを提示しました。[62]

「コレクティブ・エボルーション（集団的な進化）」の編集長アルジュン・ワリアは、ブラジルでの抗議行動中の目撃に関する論評の中でこう書いています。「これは、地球でこれまで起こったことのないことです。民衆は大きな規模で目覚め、自分たちが共感しないものに対して立ち上がっています。たった今、一つの場所だけを挙げるとすれば、ブラジルにおいて、大規模な抗議活動が起こっています。最も大切なのは、民衆が一致結束していることです」

「結局のところ、どちらの方向に行くのかは、私たちが選ぶのです。愛、平和、協力、理解という立場から前進し、成長し、繁栄するか、そうでないかのどちらかです。最初の方を選べば、私たちはたぶん、同じように感じる『高いところ』にいる友人たちを引き付け続けるでしょう。……私たちは孤独ではありません。たぶん、向こうにいる他の人々は、私たちが世界を変えるのを見たがっているでしょう。また、私たちがお互い同士や、この惑星と、そして惑星上に居住するすべての存在ともっと調和して生きるのを見たがっているでしょう」

2014年9月30日、香港の抗議行動に関するBBCニュースの放送中に見られた未確認飛行物体のビデオ画像。（訳注＝この画像は本書の英語版表紙に使用されているが、この日本語版では筆者の提案に基づいて文中に掲載した。）

「ＵＦＯ現象は［……］現在起こっているこの大規模な目覚めと符号しているようです。人類の意識が拡大し、成長し続けるにつれて、ＵＦＯ目撃の報告も毎月、飛躍的に増え続けています[63]」

スコットランド・ブランタイアのビンセント・スミスが二〇一四年九月三十日、香港の民主化支持デモのＢＢＣ実況中継を見ていたとき、突然、明るい緑がかった物体が遠くの空を飛んでいるのに気づきました。その物体はビルの間を左から右へと飛び、ゆっくりと下

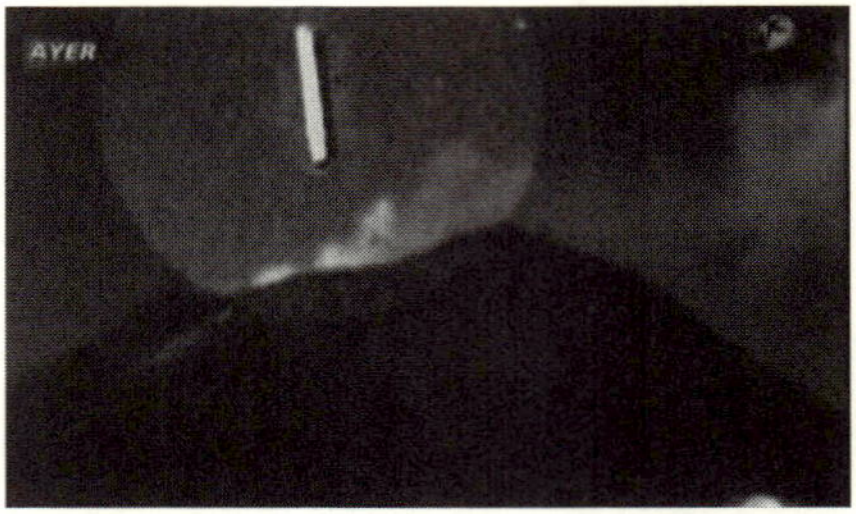

2012年10月25日にシリンダー状の物体がメキシコのポポカテペトル山火口に入っていくところをとらえられ（上）、2014年4月28日には同じ形状のものが火星表面の上空で撮影された（下）。

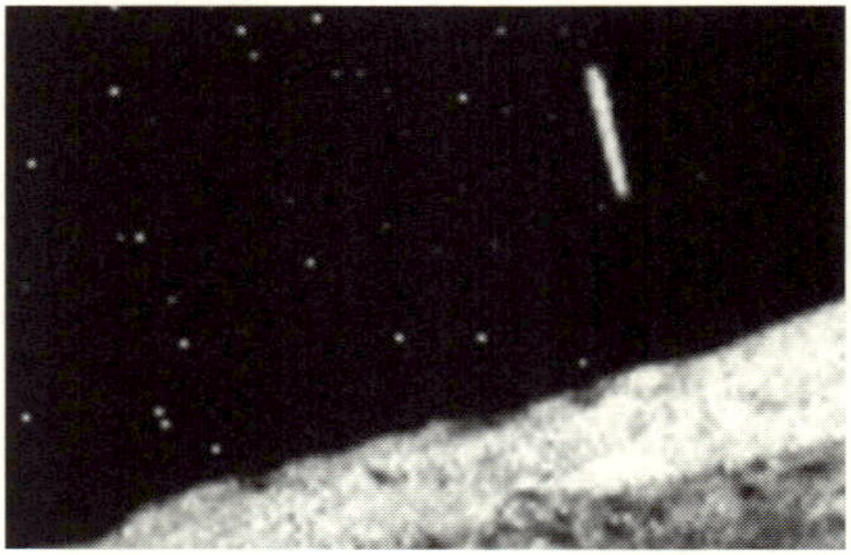

降していくのを見ることができました。そして画面右側のビルの上に来ると、垂直に飛び上がりました。再び、否定論者たちは即座に、それはドローンだと説明しましたが、その物体の光も、それが飛び上がったスピードも、この地球のものではないドローンテクノロジーを必要とするでしょう。[64]

一部は、メディアが飛ばしたドローンの目撃例であったにしても、それほど簡単に片付けられない目撃例は数多くあります。例えば、メキシコの主要なテレビネットワーク「テレビザ」の固定カメラには、長さ一キロメートルのシリンダー状のＵＦＯが、メキシコシティーの南東にある活火山ポポカテペトル山の火口に入っていくところが録画されました。これは、二〇一二年十一月二十五日の突然の噴火のあとのことでした。[65]また、同じカメラによってもう一度、二〇一三年五月三十日に録画されました。さらに、二〇一三年二月十五日にロシア上空で隕石を破壊している様子がとらえられたＵＦＯもありました。[66]

ＵＦＯ現象に関心のある人々は、目撃例が地球に限定されているわけではないことを知っているでしょう。国際宇宙ステーションの周囲で見られる尋常でない目撃例(67)は通常、人工物もしくは宇宙ごみとして説明されるか、そのようなものとして片付けられますが(68)、その説明では、火星探査機キュリオシティーによって二〇一四年四月二十八日に火星上で撮影されたシリンダー状の船(69)については筋が通りません。これは、二〇一二年十月にポポカテペトル山に入っていく様子がとらえられたＵＦＯと形が似ています。地球を離れたところでの最近のほかの目撃例としては、二〇一四年七月十四日に撮影された探査機の写真に映った飛行物体(70)、二〇一四年四月三日の火星上の明るい光(71)、火星と木星の間にある小惑星帯で最大の天体セレスで二〇一五年二月十九日に撮影された明るい光(72)、そして二〇一五年三月一日に太陽・太陽圏観測衛星（ＳＯＨＯ）によって太陽の近くで撮影された巨大な構造物(73)があります。

地球上での地球外生命の存在を明らかにする当局者の発言と同様に、メディア等の専門家がほんの二～三年という期間に、真正性に関してはほとんど論争の余地のない二十数回の目撃例を取り上げ、それが本章で描写されたという事実は、人に次のような疑問を抱かせます。もしメディア全体が、毎日の大見出し《ヘッドライン》を追いかけるうちに見過ごしてしまうより大き

2014年4月3日に探査機キュリオシティーによって火星で撮影された明るい光。(写真：NASA)

火星と木星の間にある小惑星帯最大の天体セレスで宇宙探査機ドーンによって2015年2月19日に撮影された明るい光（上）と2015年6月6日に撮影されたもの（下）。（写真：NASA）

な全体像の中で明らかになる「ニュース（新しいもの）」を理解しようとするなら、そのトレードマークである「却下する姿勢」をどれほど長く貫くつもりなのだろうか、と。

　私たちの思考や感情、日々の生活がいかに相互に結び付いているかを理解している読者ならば、ここに明確な相互関係があることが分かるでしょう。私たち一人ひとりは、歓迎するにせよ否定するにせよ、次から次へと華々しい物事を追い求めようとし、体験を十分に味わうどころか、詳細な点を確かめる時間さえ持とうとしないことがしばしばあります。そうしている限りは、本物の目撃例や事実を土台としてより大きな全体像が浮かび上がってくるのを、私たち自身が許さないのです。もしメディアが私たちの肥大した興味や欲望を代表し、そのようにして、私たちが切望する刹那的な満足を与えるなら、もし私たちが木に気を取られて森を見ることができないなら、実のあるものではなく華々しいものを提供する

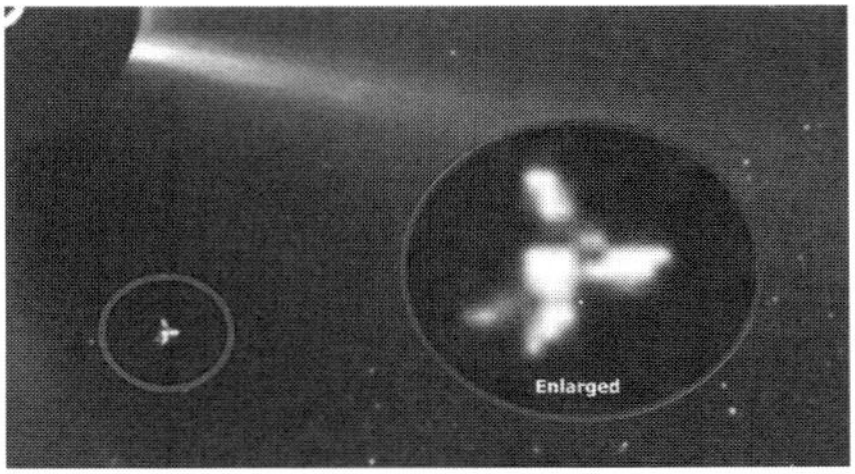

2015年3月1日に太陽・太陽圏観測衛星（SOHO）によって太陽の近くで撮影された巨大な構造物（訳注＝写真内のEnlargedは「拡大」という意味）。

メディアだけを非難することはできません。

いずれにしても、「彼ら」が姿を見せないという見解は真実ではないということが今や明らかなはずです――むしろ全く逆です。必然的に導き出される結論は、彼らはまさしく姿を見せているということ、この世界の至るところだけでなく、だんだんと太陽系の至るところで姿を見せているということ、そして、私たちの注目を引こうとしているということです。しかし、いつもそうであるように、彼らは私たちの思想の自由を侵さないように、そして明らかなものを否定する私たちの権利を尊重しながら、そのようにしています。

＃いったい誰がジョージ・アダムスキーを真面目に受け止めるのか（17頁）

著名なイギリスの作家ティモシー・グッドは、自分の研究に基づいて、「アダムスキーの主張の多くは却下することのできないものです」[a]と述べました。アダムスキーは、軍事基地への立ち入りを許可するアメリカ政府兵站《へいたん》局発行の身分証明書を所持しており、彼に機密情報を伝えた軍の知人と定期的に会っていました」[b]

英サンデー・エクスプレス紙の科学担当記者ロバート・チャップマンはアダムスキーにインタ

ビューをしたあと、「……もし彼が妄想に駆られているとすれば、彼は、私がかつて出会った最も聡明で頭脳明晰な、妄想に駆られた人間である[c]」と書きました。

激しい論争の的となったアダムスキーの写真について、当時ハリウッドでトップのトリック写真家であったペヴェレル・マーリーは、もしその写真が偽造だとすれば、これまで見たうちで最高の出来だと述べました。イギリス有数の映画会社ランクグループの十四人の専門家は、撮影された物体は本物であるか、あるいは実物大の模型であると結論付けました。

イギリスのジェテックス模型飛行機会社の社長ジョセフ・マンサーは、「アダムスキーの写真が模型の写真ではないと信じる理由は、こうした写真を偽造できるほど十分に優れた模型を作る能力は彼自身にないと考えるからだ[d]」と述べました。もし実物大の模型であったとしても、「多額の費用をかけなければ無理であり、不思議な飛行船に似せて模型を作れるかどうかは、それだけの費用をかけた場合でさえ疑わしい[e]」

同様に、米イーストマン・コダック社の光物理学者ウィリアム・シャーウッドは、アダムスキーの後期のUFOフィルムをいくつか調査し、間違いなく本物だと判断しました[f]。

ティモシー・グッドは著書『エイリアン・ベース』（一九九八年）の中でこう結論付けています。「私の偏見は別にしても、『スペース・ピープル』や彼らのテクノロジーについてアダムスキーが述べたことの多くは、四十数年前よりも二十一世紀にさしかかった今のほうが、はるかに信憑性《しんぴょうせい》に富み、科学的に意義があることをここで再び強調しておきたい[g]」（注は58頁）

第一章　補遺
「幼子や乳飲み子の口に……」

ベンジャミン・クレームは著書『光の勢力は集合する――ＵＦＯと彼らの霊的使命』（二〇一〇年）の中で、コンタクティーが馬鹿にされることについて述べています。「私たちは真実を語る人を馬鹿にし、それが真実だと認識しているときでさえそうします。真実を拒絶するのです。真実は変化を意味し、考え方、感じ方、行動や反応の変化を意味するからです。それは真の心理的変化を意味するので、困難なのです。ですから、肯定するよりも否定する方が容易です」[74]

このように馬鹿にすること、そしてまさしく、馬鹿にされることへの恐れは蔓延《まんえん》しているため、自分の目で見たものすら否定することがよくあります。クレーム氏は同じ本の中で、このことをはっきりと示す例を描写しています。彼と妻は一人の友人と共に北ウェールズに滞在していました。その友人は空飛ぶ円盤を見てみたいと言いました。「もしそれを見たら、信じるかい」と彼が友人に聞いたところ、彼女は「ええ、信じるでしょう。自分自身の目で見ることができたら、もちろん信じるわ」と答えました。まさしく、素晴らしい光景がすぐに現れると、友人はこう叫びました。「私は空飛ぶ円盤を見ました！　空飛ぶ円盤を見ました！　とにかく、ベン（ベンジャミン・クレーム）が、あれは円盤だと言ったのですよ。しかし、そんなはずはありませんよね。あれが円盤であるはずは全くあり得ません。いいえ、そんなことはあり得ません。決してありません」[75]。条件付けはこれほど強力であるため、ついそれに身を委ねてしまうのです。

対照的に、子供たちは、幼年期の「マジック」年代を過ぎてもなお、「受け入れ可能」と見なされるものやそうでないものにまだ条件付けられておらず、尋常でないものに対してずっと寛容です。ある女の子が家に帰ってきて、UFOを見たと両親に語ったところ、女の子は、それについて話さないようにと、それはすべて自分で想像したものだと言われました。ただし、彼女は一九九四年九月十六日に校庭のすぐ外でこの光景を目撃した、ジンバブエ・ルーワにあるアリエル学校の六十二人(!)の児童の一人だったのです。[76] その出来事のあと間もなくして、六〜十二歳の数人の子供が、ジンバブエのUFO研究家シンシア・ヒンドとBBCの記者ティム・リーチによるインタビューを受けました。子供たちの話は、宇宙船の描写に関して異なっていたものの、全体としては驚くほど一致していることが分かりました。このことにより、児童たちは何か尋常でないものを見たということをスタッフは確信しました。

着陸地に最も近いところにいた何人かの子供は、大きな頭をしており、光沢のあるワンピース型のスーツを着た身長約一メートルの小さな存在を見たと報告しました。[77] 宇宙船から降りた存在が自分たちを見つめる様子に怖くなったと言う児童もおりました。ハーバード大学の心理学教授ジョン・マックが数カ月後に何人かの子供にインタビューを行ったとき、「なぜその人たちは私たちを怖がらせたいのだと思いますか」と質問しました。ある女の子は「たぶん、私たちがきちんと地球と大気の世話をしないからです」と答えました。[78] 実際に数人の児童は、汚染の危険について私たちに警告するために彼らはここに来たように「感じた」と言いました。オランダのテレビタレント、ティネカ・デノーイとのインタビューで、数人の子供は異星人の訪問を目撃できたことを光栄に感じると述べました。ある女の子はこう語りました。「私たちは現実にこの世界に害を及ぼしており、テクノロジー化をあまり進めすぎてはいけないということを、彼らは人々に知ってもらいたいのだと思います(79)」

一九五〇年代にさかのぼるフライング・ソーサー・レビュー誌や、シンシア・ヒンドが一九八八年から二〇〇〇年の死去までに編集した出版物、特に「ＵＦＯアフリニュース」の報告は、アフリカ大陸各地でさらに多くの目撃があったことを示しています。世界の他の地域がそれに気づいていないことが多いのは、たいがいは別々の場所にいる研究家の大多数が、自分の国もしくは自分の大陸の目撃例や否定論者に関心を抱いているからです。しかし私は幸いにも、アフリカでの、今回はナイジェリアのカドゥナでの、別の大規模目撃について目撃者の一人から話を聞くことができました。

一九八四年十月、ジョゼフ・ウナジと八～十二人の近所の友人が、放課後によくサッカーをしたりＢＭＸバイクに乗ったりする野原から、夕食のために帰宅する途中のことでした。少年たちとその家族はカドゥナ警察学校の敷地内で暮らしていました。ジョゼフの父親は同校で警察官および講師として働いていました。カドゥナはカドゥナ州の州都であり、無秩序に広がった学校の敷地は都市の中心部に位置しています。

自宅から約五百メートルのところで、太陽が沈もうとしていた午後六時頃、地域の少年たちだけでなく大人たちも、ヒューという甲高い音を聞いたちょうどその時、道端に並んだ高い木々に異常な動きがあることに気づきました。木々の葉が揺れ、冷たいそよ風がすべての人の肌に触れました。通りにいた誰もが見上げ、下部からまぶしい白い光を輝かせながら急降下してくる大きな船を見てあぜんとしました。実際、円盤から放射されていた光はあまりにまぶしく、人々は手をかざして目を守らなければなりませんでした。その船は降りてくる時に回転し続け、通りの上、木々の間に静止しました。おびえて走り回っていた近所の犬、にわとり、やぎ、豚は、大騒動を引き起こしました。ウナジ氏によると、その船はベル型（釣り鐘型）をしていて、直径が約十メートルありました。少しすると空飛ぶ円盤はさらに少し降下し、信じがたいスピードで飛び去ったといいます。「飛び去った時に、それをじっと見ていたとは言えません。まさに消え去ったからです。あれほどの猛スピードは見たことがありませんでした」と彼は述べています。

ナイジェリア北部のカドゥナと近隣のジョスには、欧米の海外駐在者が好む住居があるため、そこに住む人々は航空機や警察へリコプターだけでなく、グライダーや遠隔操作による模型飛行機、熱気球を見ることにも慣れていました。要するに、ジョゼフと友人たちはあらゆる種類の飛行物体になじみがありました。そのため、彼を含めてすべての人は、自分たちが見たのは地球の飛行物体ではないことを知りました。

現在はオランダに住む元ジャーナリストのウナジ氏は、その日のことを思い出し、自分やほかの大勢の人が経験したものにいまだに明らかに感動しているようでした。強烈な印象を受けたため、母親に次から次へと質問をするのをやめることができなかったと述べています。家族は、独特の煙突のついた古い植民地時代の建物から、前年に新築された集合住宅へと引っ越したばかりでした。

ウナジ一家の新しい住居は、二つの寝室があるアパートで、居間と台所・浴室・トイレとの間に天井のない中庭がありました。

ジョゼフの母のビクトリアも、中庭で何かをしているとき、木のてっぺんを通り過ぎる船を一瞬見ました。そのため、彼は母に自分たちが見たものは何なのかと尋ねました。彼の母は、「欧米諸国ではＵＦＯ、未確認飛行物体と呼んでいるものよ」と答えました。銀河系にはほかにも惑星がある、と母が説明したため、彼はその日以降、その頭字語の意味を決して忘れたことがありません。次の日、ジョゼフが友人の一人に話しかけたところ、自分の母も同じことを言った、と友人は述べました。友人の母は地位の高い警察官であり、十分な教育を受けていました。

ウナジ氏が大人になってから友人たちに目撃について話しても、友人たちが信じたがらないとき、彼の両親は歳月を経てもなお、何のためらいもなく、その出来事は実際に起こったことを確認しました。ジョゼフ・ウナジが、ジンバブエ・ルーワの児童のインタビュー映像を見せられたとき、「ルーワの子たちが真実を語っていることを私は知っていますよ」と述べたのも、驚くべきことではありません。(80)

ルーワとカドゥナのエピソードが、子供たちが地球外からの船や存在を目撃した唯一の、あるいは最初の例でなかったことは確かです。一九六六年四月六日、オーストラリア・メルボルン郊外にあるウェストール地元住民とウェストール高校の数百人の生徒・教職員は、ＵＦＯが数分間頭上に浮かび、その後、信じ難いスピードで飛び去るのを目撃しました。その出来事はチャンネル９テレビネットワークと地元紙の注目を引き付ける一方、二〇一〇年のドキュメンタリーによると、生徒たちは多くの大人から信じてもらえないだけでなく、校長が生徒たちに対して、皆さんは空飛ぶ円盤を見てはいないのだよ、と断言するなど、当局によって口止めさえされました。校長は生徒たちに、皆さんは何も見ておらず、そうですね……何も見なかったことについて誰にも話さないように、と言いました。[81]

同じく一九六六年の三月初め、アメリカ・ミシガン州カーソンシティの二人の子供が、町外れにある囲い込まれた小さな野原に着陸した宇宙船を目撃しました。当時七歳の目撃者は、「相互UFOネットワーク（MUFON）」にその目撃について報告しました。彼女とそのいとこは、円盤の形をした船が、金属片があちこちに散らかっているところからジグザグに上昇するのを見たと述べています。母親がその野原に戻ってみると、子供たちが最初に円盤を目撃した、平らになっている焼けた領域を見つけました。[82] さらに一九六七年八月二十九日、デルプーシュ家のフランソワ（十三歳）とアン・マリー（九歳）が、自分たちの住むフランス・キュサックの小さな村の近くの野原に犬を連れて出ていたとき、約四十メートル離れた生け垣の背後に四人の子供のような人物と大きな球体を見ました。直径約二メートルのその球体はさんさんと輝いていたため、二人は目を痛めました。フランソワがその「子供たち」に、自分や妹と一緒に遊ばないかと呼びかけたところ、彼らは自分たちがやっていたことをやめて、急いで球体へと乗り込み、離陸しました。子供たちによると、その小さな存在は身長約一メートルから一・二メートルで、体にぴったり合った、光沢のある黒いスーツを着ていました。[83]

ウェストールの目撃者と比べ、後半の二つのケースの子供たちは、真剣に受け止めてもらえて幸運でした。数人のメディア関係者と研究家が、その話について調査をするために訪れました。オランダの映画制作者ファルコ・フリードホフは私の前作を読んだあと、子供の頃の空飛ぶ円盤とその搭乗者との近接遭遇の話を共有するために私に会いたいと言ってきました。

一九五二年、第二次世界大戦の結果としてオランダがまだ深刻な住宅不足に頭を悩ませていた頃、フリードホフ一家は、オランダの裕福な町ブルメンダールにある、戦前はオランダ中央銀行総裁が所有していた大邸宅で暮らす五つの家族のうちの一つでした。

ファルコ・フリードホフは当時四歳で、砂で作った道路やトンネルにおもちゃの車を走らせて遊んでいました。その晴れた日の午後、真っ青な空の中に突然、空飛ぶ円盤を見ました。それは約二十メートル離れたところに浮かんでいました。円盤は小さく、高いガラスのドームがありました。円盤は静止したままだったので、操縦士がはっきり見えました。記憶している限りでは、自分自身と円盤の距離を考えると、円盤に乗っていた男性は立った状態で一メートル前後あっただろう、とフリードホフ氏は推測しています。六十数年前の体験について彼はこう語っています。「昨日起こったかのようにはっきりと記憶に残っています。四歳でしたので、この世のごく普通のことのように思えました。小さな男性が中に乗っている空飛ぶ円盤を見ても、私は全く動じませんでした。私は彼に手を振り、彼が手を振り返したか微笑《ほほえ》んだだけか覚えていませんが、彼が友好的な方法で私を認知したことは確かです。私たちは目と目を合わせました(84)」

その円盤はのちに漫画や大衆向けのイラストで目にするような型と全く同じに見えましたが、そうしたものは何年も後にならないと目にすることはなかった、とフリードホフ氏は断固として主張しました。円盤がやって来るのが見えなかったのと同様に、飛び去るのも見えず、円盤は消えてしまった、とフリードホフ氏は述べています。

子供時代の無邪気さを失わないままに成熟した目で世界を見ることができるなら、私たちの人生はどんなにもっと豊かになるか、そして真実《リアリティー》にもっと触れることになるかを、こうした報告は私たちに示すのに役立っています。

注

（1）ゲラード・アートセン「UFO／ETのディスクロージャーに関するナンセンス（馬鹿げたこと）を終わらせよう」二〇一五年、www.youtube.com/watch?v=U78n64c8K7A で閲覧可能

（2）「異星人は『すでに地球に存在する』とブルガリアの科学者が主張」二〇〇九年十一月二十六日付テレグラフ〔オンライン〕、www.telegraph.co.uk/news/worldnews/europe/bulgaria/6650677/Aliens-already-exist-onearth-Bulgarian-scientists-claim.html で閲覧可能〔二〇一五年三月二日にアクセス〕

（3）ラチェザール・フリポフへのインタビュー、ブルガリアBTV、二〇一二年十月、www.youtube.com/watch?v=23WRbbWFBQI で閲覧可能〔二〇一五年三月二日にアクセス〕

（4）二〇一二年十二月七日にロシアのテレビ局で行われたインタビュー後の未放送のコメント、www.youtube.com/watch?v=fnpmjXhQT9w で視聴可能

（5）アンドリュー・バンカム「米大統領補佐官ジョン・ポデスタが、ＵＦＯに関する政府記録の開示を確実なものにできなかったことが最も悔やまれると語る」二〇一五年二月十六日付インデペンデント〔オンライン〕www.independent.co.uk/news/world/americas/us-presidential-aide-johnpodesta-says-biggest-regret-is-not-securing-release-of-governmentrecords-about-ufos-10049486.html で閲覧可能〔二〇一五年三月二日にアクセス〕

（6）ウィルバート・スミス『ボーイズ・フロム・トップサイド（*The Boys from Topside*）』一九六九年、原書二八頁

（7）ジェームズ・マクドナルドへのインタビュー（記録映像）、ロージー・ジョーンズ監督「ウェストール一九六六年――郊外でのＵＦＯミステリー」収録、スクリーン・オーストラリア、フィルム・ビクトリア、エンディンジャード・ピクチャーズ、二〇一〇年、オーストラリア、www.youtube.com/playlist?list=PL6499D07FE5268266 で閲覧可能

（8）ジョージ・アダムスキー「宇宙の原則と真理の促進のための宇宙科学――質疑応答」シリーズ1、第4部

（9）ハワード・メンジャー『宇宙からあなたへ（*From Outer Space to You*）』一九五九年、原書一六三〜一六四頁

（10）アダムスキー『ＵＦＯ問答100』問17　三一頁

（11）同書　問57　九三頁

（12）ジョージ・アダムスキー／久保田八郎訳『第2惑星からの地球訪問者』中央アート出版社、一九九一年、第Ⅱ部「驚異の大母船内部」二七二頁

(13)エンリケ・バリオス／石原彰二訳『アミ 小さな宇宙人』徳間文庫、二〇〇五年、六五頁
(14)同書 五三頁
(15)メンジャー『宇宙からあなたへ』原書一〇八頁
(16)同書 一六一頁
(17)ベンジャミン・クレーム／石川道子訳『光の勢力は集合する——UFOと彼らの霊的使命』シェア・ジャパン出版、二〇一〇年、三〇〜三一頁
(18)メンジャー『宇宙からあなたへ』原書七五頁
(19)ステファン・デナエルド『地球存続作戦（*Operation Survival Earth*）』一九七七年、原書一六頁
(20)同書 二五頁
(21)同書 一五三頁
(22)アダムスキー『第2惑星からの地球訪問者』二二七頁
(23)スミス『ボーイズ・フロム・トップサイド』二九頁
(24)同書 一七頁
(25)アダムスキー『第2惑星からの地球訪問者』一四九〜一五〇頁
(26)メンジャー『宇宙からあなたへ』原書九二頁
(27)クレーム『光の勢力は集合する』七〇頁
(28)メンジャー『宇宙からあなたへ』原書七一頁
(29)同書 七三頁
(30)アダムスキー『ＵＦＯ問答100』問97 一五五〜一五六頁

(31) ステファノ・ブレッチャ『数多くのコンタクト (*Mass Contact*)』二〇〇九年、原書二四九頁以下参照

(32) バック・ネルソン『火星、月、金星への旅行 (*My Trip to Mars, the Moon and Venus*)』一九五六年、原書一三頁

(33) 例えば、ゲラード・アートセン／大堤直人訳『スペース・ブラザーズ——助けるためにここにいる』アルテ、二〇一三年、三七～三八頁、三九～四一頁に、コンタクティーが自らの体験を分かち合わないよう脅そうとする企ての例が掲載されている。

(34) ネルソン『火星、月、金星への旅行』原書一三頁

(35) アダムスキー『第2惑星からの地球訪問者』一五〇頁

(36) ジェームズ・マクドナルド博士に関するウィキペディアの項目、en.wikipedia.org/wiki/James_E._McDonald#Late_life_and_death で閲覧可能［二〇一五年三月二十九日にアクセス］

(37)「キャスタネットのＵＦＯ？ ビデオ」キャスタネットのウェブサイト、二〇一四年八月十三日、www.castanet.net/news/West-Kelowna/120861/Castanet-s-UFO-video で閲覧可能［二〇一五年三月七日にアクセス］

(38) ヒラリー・オヘダ、ユーチューブ「今日リマで記録された未確認飛行物体」「今週のペルー」［オンライン］二〇一五年二月十一日、www.peruthisweek.com/news-youtube-this-could-actually-be-ufofilmed-in-lima-105252 で閲覧可能［二〇一五年三月七日にアクセス］

(39) ソフィー・ライアン「クイーンズタウンの近くでＵＦＯがフィルムに収められる」ニュージーランド・ヘラルド［オンライン］二〇一四年五月十四日、www.nzherald.co.nz/nz/news/article.cfm?c_

id=1&objectid=11254875で閲覧可能［二〇一五年三月七日にアクセス］

（40）ミーガン・スチュワート「ナット・ベイリーのＵＦＯが今やスペースセンターの『でっち上げ』だと確認される」バンクーバー・クーリエ［オンライン］二〇一三年九月十日、www.vancourier.com/sports/nat-bailey-ufo-now-identified-as-space-centrehoax-1.618998で閲覧可能［二〇一五年三月七日にアクセス］

（41）「バイラル動画――ＴＺの放送中に現れた『ＵＦＯ』が物議を醸す」トド・ノティシアス（ＴＺ）［オンライン］二〇一五年三月六日、tn.com.ar/tecno/f5/viralisimo-el-mundo-habla-de-un-ovni-que-aparecio-al-aire-entn_575204で閲覧可能［二〇一五年三月七日にアクセス］

（42）ジョン・ヒルケビッチ「空中に鳥？ 飛行機？ ＵＦＯ？」シカゴ・トリビューン［オンライン］二〇〇七年一月七日、articles.chicagotribune.com/2007-01-01/travel/chi-070101014 1jan01_1_craig-burzych-controllersin-o-hare-tower-united-planeで閲覧可能［二〇一五年三月十日にアクセス］

（43）「シカゴ・オヘア国際空港上空のＵＦＯ」クリプティックメディア［オンライン］二〇〇七年八月三十日、youtu.be/0HUte_H9LKYで閲覧可能［二〇一五年三月十日にアクセス］

（44）「重慶市上空に見られた二度目のＵＦＯ」China.org.cn［オンライン］二〇一〇年七月十六日、www.china.org.cn/china/2010-07/16/content_20509901.htmで閲覧可能［二〇一五年三月十日にアクセス］

（45）「空中に輝く白い球の神秘」イングリッシュ・イーストデー、二〇一一年八月二十三日、english.eastday.com/e/110823/u1a6067786.htmlで閲覧可能［二〇一五年三月十日にアクセス］

（46）ジョン・スティーブンズ「ノートルダムの試合が中断しているとき、フットボールスタジアム上空でＵＦＯが発見される」メイル・オンライン、二〇一一年九月九日、www.dailymail.co.uk/news/

article-2035758/UFOs-spottedfootball-stadium-game-comes-standstill.html で閲覧可能［二〇一五年三月七日にアクセス］

（47）リチャード・パデュラ「ＵＦＯがプレーを止めた日」ＢＢＣニュース［オンライン］二〇一四年十月二十四日、m.bbc.com/news/magazine-29342407 で閲覧可能［二〇一五年三月七日にアクセス］

（48）ナタリー・エバンズ「ユーエフオリンピック（UF-Olympics）？：二〇一二年の開会式で『異星人の宇宙船』がロンドン上空でカメラにとらえられる」デイリー・ミラー［オンライン］二〇一二年七月三十一日、www.mirror.co.uk/news/uk-news/ufo-spottedat-olympic-games-opening-1193663 で閲覧可能［二〇一五年三月十日にアクセス］。ベンジャミン・クレームの師である覚者は、この船がスペースブラザーズのものではなく、人類の最年長の兄である世界教師マイトレーヤによって使われた光の船であったことを確認した（シェア・インターナショナル誌二〇一二年九月号、二二頁参照）。

（49）「それは輝いてヴェーザーシュタディオン上空に浮いた」デル・ブント［オンライン］二〇一四年一月九日付、blog.derbund.ch/zumrundenleder/blog/2014/01/09/es-leuchtete-und-schwebte-ueber-das-weserstadion/ で閲覧可能［二〇一五年三月七日にアクセス］

（50）「サンロレンゾの『宇宙的な』神秘——ＵＦＯはヌエボ・ガソメトロ上空を飛んだのか」InfoBAE.com［オンライン］二〇一四年四月二十二日、www.infobae.com/2014/04/22/1559029-misterio-cosmico-sanlorenzo-un-ovni-sobrevolo-el-nuevo-gasometro で閲覧可能［二〇一五年三月三十日にアクセス］

（51）「ロンドンの二〇一二年オリンピック会場上空でＵＦＯが目撃される」ＢＢＣロンドン［オンライン］二〇〇九年十一月十日、news.bbc.co.uk/local/london/hi/people_and_places/newsid_8352000/8352111.stm で閲覧可能［二〇一五年三月十日にアクセス］

（52）スコット・ワリング「アメリカの大統領」［オンライン］日付不明、www.ufosightingsdaily.com/p/us-presidents.htmlで閲覧可能［二〇一五年三月十日にアクセス］。以下も参照。エミリー・スミス「オバマが大統領になるのをUFOが見届ける」ザ・サン［オンライン］二〇〇九年、日付不明、www.thesun.co.uk/sol/homepage/news/article2165801.eceで閲覧可能［二〇一五年三月十日にアクセス］

（53）ベンジャミン・クレームの師、シモーナ・ボッキの目撃に関するコメント、クレーム編集／石川道子日本語版監修「シェア・インターナショナル」シェア・ジャパン発行、二〇一三年四月号、二四頁（一部改訳）

（54）アダムスキー『第2惑星からの地球訪問者』一七三頁

（55）アダムスキー『UFO問答100』問96 一五四～一五五頁

（56）デナエルド『地球存続作戦』原書三五頁

（57）アダムスキー『UFO問答100』問66 一〇九頁

（58）ジョルジョ・ディビトント『宇宙船の天使（*Angels in Starships*）』一九九〇年、原書八頁

（59）同書 八五頁

（60）デナエルド『地球存続作戦』原書八八頁

（61）クラウディア・ウルバツカ「ドイツの抗議デモ上空のUFO」、編集長への手紙、シェア・インターナショナル誌二〇一二年二月号、二九頁

（62）ドリシャ・ネア「大規模なUFOの目撃——抗議行動の間、何千人もの人々がブラジルの空に舞う『UFO』を見る」インターナショナル・ビジネス・タイムズ［オンライン］二〇一三年六月二十日、www.ibtimes.co.uk/mass-ufo-sightingbrazil-protests-aliens-truck-481193で閲覧可能。さらに、アレハン

ドロ・ロハス「ブラジルの抗議者たちがＵＦＯを撮影する一方、ドローンが抗議者たちを撮影」オープン・マインズ［オンライン］二〇一三年六月二十日、www.openminds.tv/protestersfilm-ufo-while-drone-films-protesters-video-1057/22390 で閲覧可能［二〇一五年三月十四日にアクセス］。この目撃に関しては、シェア・インターナショナル誌二〇一三年九月号二二頁で、ベンジャミン・クレームの師によって金星からの宇宙船として確認された。

（63）アルジュン・ワリア「驚くべき映像——何千もの人々がブラジルの抗議デモの上空でＵＦＯを目撃」コレクティブ・エボルーション［オンライン］二〇一三年六月二十日、www.collectiveevolution.com/2013/06/20/thousands-witness-amazing-ufo-overbrazilian-protests/ で閲覧可能［二〇一五年三月十四日にアクセス］

（64）ミニー・ネア「大規模なＵＦＯの目撃——香港の抗議デモの最中に宇宙船が垂直に急上昇」インターナショナル・ビジネス・タイムズ［オンライン］二〇一四年十月三日、www.ibtimes.co.in/mass-ufo-sighting-spaceshipshoots-vertically-during-hong-kong-protests-610489 で閲覧可能［二〇一五年三月十四日にアクセス］

（65）カルロス・フレド「二〇一二年十月のポポカテペトル火山上空のＵＦＯ」スターメディア［オンライン］二〇一二年十一月二日、noticias.starmedia.com/insolito/ovni-sobre-volcan-popocatepetl-octubre-2012.html で閲覧可能［二〇一五年三月二十日にアクセス］

（66）シベリア・タイムズの記者「ＵＦＯは先月、有名なチェリャビンスク隕石を撃ち落としたのか」シベリア・タイムズ［オンライン］二〇一三年二月二十八日、siberiantimes.com/weird-and-wonderful/news35THE ET PRESENCE: SEEING THE FOREST FOR THE TREESand-features/news/so-did-aufo-shoot-down-the-famous-chelyabinskmeteorite-last-month/ で閲覧可能［二〇一五年三月二十日にアクセス］

(67) ノーマン・バード「ＵＦＯが国際宇宙ステーションを『監視』している様子をライブカメラがとらえる」Examiner.com［オンライン］二〇一四年十月九日、www.examiner.com/article/ufo-caught-monitoring-internationalspace-station-on-live-camera-video で閲覧可能［二〇一五年三月二十日にアクセス］

(68) マイケル・ランドル「国際宇宙ステーションの外にいるＵＦＯ——我々はなぜＵＦＯを見続けるのか」ハフィントン・ポスト、イギリス［オンライン］二〇一五年一月二十六日、www.huffingtonpost.co.uk/2015/01/26/ufosinternational-space-_n_6546998.html で閲覧可能［二〇一五年三月二十日にアクセス］

(69) メアリー＝アン・ラッソン「『葉巻状』ＵＦＯが火星を周回している様子をＮＡＳＡの探査機キュリオシティーがとらえる」インターナショナル・ビジネス・タイムズ［オンライン］二〇一四年五月十三日、www.ibtimes.co.uk/nasas-curiosity-rover-capturescigar-shaped-ufo-orbiting-mars-1448451 で閲覧可能［二〇一五年三月二十日にアクセス］

(70) スコット・ワリング「二〇一四年七月、火星上の黒いＵＦＯが探査機キュリオシティーによってとらえられる」ＵＦＯサイティングズ・デイリー［オンライン］二〇一四年七月十八日、www.ufosightingsdaily.com/2014/07/dark-ufo-on-mars-caught-bycuriosity.html で閲覧可能［二〇一五年三月二十日にアクセス］

(71) ジミー・ヌスブガ「ＮＡＳＡの探査機キュリオシティーがとらえたこの謎の白い光は、火星に生命があることを示唆しているのか」メトロ、イギリス［オンライン］二〇一四年四月八日、metro.

co.uk/2014/04/08/does-this-mystery-white-light-captured-by-nasas-curiosity-rover-suggest-theres-life-onmars-4692107/ で閲覧可能［二〇一五年三月二十日にアクセス］

（72）「準惑星セレスの明るい光がＮＡＳＡの科学者たちの頭を悩ませる」シドニー・モーニング・ヘラルド［オンライン］二〇一五年二月二十七日、www.smh.com.au/technology/sci-tech/bright-lights-on-dwarfplanet-ceres-perplex-nasa-scientists-20150227-13qx5r.html で閲覧可能［二〇一五年三月二十日にアクセス］

（73）「太陽観測機の画像で巨大なＵＦＯが見つかる」UFO Sightings Hotspot blog［オンライン］二〇一五年三月一日、ufosightingshotspot.blogspot.nl/2015/03/huge-ufo-spotted-on-soho-image-mar-01.html で閲覧可能［二〇一五年三月二十日にアクセス］

「幼子や乳飲み子の口に……」

（74）クレーム『光の勢力は集合する』三一頁

（75）同書 三九〜四一頁

（76）スティーブン・コアン「異星人が着陸した日」ウィットネス［オンライン］二〇〇八年四月十六日、www.witness.co.za/index.php?showcontent&global[_id]=6379 で閲覧可能［二〇一五年三月二十六日にアクセス］

（77）シンシア・ヒンド「アリエル学校の子供たち」ＵＦＯアフリニュース第十一号、一九九五年二月、一九〜二二頁

（78）ステファン・アリックス監督「体験者たち」フランス、13E Rue、二〇一一年、www.youtube.

com/watch?v=BHy58wMgsrU で閲覧可能［二〇一五年三月二十六日にアクセス］
（79）Tineke's paranormale wereld, ＲＴＬ４、オランダ、一九九六年三月二十七日、www.youtube.com/watch?v=g41mxGQPp0k で閲覧可能［二〇一五年三月二十六日にアクセス］
（80）ジョゼフ・ウナジ氏への個人的なインタビュー、アムステルダム、オランダ、二〇一四年十一月二十三日
（81）ロージー・ジョーンズ監督「ウェストール一九六六年――郊外でのＵＦＯミステリー」スクリーン・オーストラリア、フィルム・ビクトリア、エンディンジャード・ピクチャーズ、二〇一〇年、オーストラリア
（82）ロジャー・マーシュ「一九六六年、ミシガンの子供たちが地元の野原に着陸したＵＦＯを発見する」MUFON Case No. 63749、二〇一五年三月十三日、www.mufon.com/ufo-news/-1966-michigan-children-discover-landed-ufo-inlocal-field で閲覧可能［二〇一五年三月二十八日にアクセス］
（83）「双子の子供がフランスのキュサックでＵＦＯと小さな人間型《ヒューマノイド》の存在に遭遇する」ＵＦＯエビデンス、日付不明、www.ufoevidence.org/cases/case705.htm で閲覧可能［二〇一五年三月二十八日にアクセス］
（84）ファルコ・フリードホフ氏への個人的なインタビュー、アムステルダム、オランダ、二〇一四年四月四日

ジョージ・アダムスキー（39～40頁）

a．ティモシー・グッド『アンアースリィ・ディスクロージャー（*Unearthly Disclosure*）』二〇〇〇年、

原書二五六頁
b．同書二六二頁
c．ロバート・チャップマン『ＵＦＯ——空飛ぶ円盤がイギリス上空に？（*UFO - Flying Saucers over Britain?*）』一九七二年（再版一九七四年）、原書一一五頁
d．ウェーブニー・ガーバン「アダムスキーの写真——公開挑戦」フライング・ソーサー・レビュー誌一九六〇年三·四月号、原書四頁、一九五四年十一月のジョセフ・マンサーからの手紙より引用
e．ウェーブニー・ガーバンによるオブザーバー紙の「編集長への手紙」一九五五年十月二十五日付、およびデスモンド・レスリーによる「はじめに」、ジョージ・アダムスキー／大沼忠弘訳『空飛ぶ円盤同乗記』角川春樹事務所 ボーダーランド文庫、一九九八年、二九頁
f．ウィリアム・シャーウッドとのインタビュー、Ｍ・ヘスマン制作フィルム「ＵＦＯコンタクト——宇宙のパイオニアたち」一九九六年
g．ティモシー・グッド／斉藤隆央訳『エイリアン・ベース——地球外生命との遭遇』人類文化社、一九九八年、一九九九頁

第二章　宇宙での地球の孤立——自らに課した限定

沈没したUFOと航行中に遭遇したビアーズ氏のティアルク（特徴的なスプリットスルを持った、オランダの典型的な平底遊覧船）。

一九六〇年代半ばのある夏の日の夕方、オランダ人のビジネスマン、アド（アドリアンの省略形）・ビアーズと彼の家族がオランダ南西部の大きな入り江、オースターシェルデを航行していたとき、ヨットのコンパスが壊れたように思えました。港に帰る途中、彼は突然、強烈な青白いサーチライトを見つめていました。エンジンを逆回転に切り換え、パワー全開にしましたが、ボートが何か固いものにぶつかることを防ぐことはできませんでした。もっと詳しく調べてみると、ビアーズ氏のボートは転覆した船の船体にぶつかったようでした。彼は近くの海中に体が漂っているのを見ました。命綱を着けて飛び乗ると、約一メートルの深さのところで固い表面に足が着きました。漂っていた体に命綱を結び付けて間もなく、おぼれていた人と似たような服、宇宙服のように見える服を着た何者かが、救助活動を手伝おうと海水に浸《つ》かりながら歩いてきました。「大きな四角い瞳孔のある、眠気を誘うようでいて自信たっぷりの目をした動物のような顔」を見たとき、雷に打たれたような衝撃を受けた、と彼は描写しています。

その時初めて、彼らが別の惑星からの訪問者であることを彼は悟りました。彼らは救助活動への感謝の気持ちから、彼らの世界についての詳細な情報を提供しました。彼は半分沈んだ船の中へ降りるように招かれ、そこで二日間にわたって、彼らが「イアルガ」という呼ぶ惑星の社会がどのように成り立っているかについての鮮明なイメージを見せられるとともに、背後にある哲学について詳細な説明を受けました。当然のことですが、それはビアーズ氏にとって、世界観を根底から揺るがす、人生を変えてしまう体験となりました。

スウェーデンのトラック製造業者スコーネのトラックを輸入するオランダの会社の社長であったビアーズ氏は、ステファン・デナエルド（「地球のスティーブ」を意味するStef van de Aardeの短縮形）という筆名のもと、SF小説として自分の話を提示しました。一九六九年発行のその本は、多くの版を重ねてベストセラーとなりました。一九七七年に最初の英語版が『地球存続作戦』として出版されました。一方、英語の改訂増補版が一九八二年に故ウェンデル・スティーブンスによって『イアルガ星からのコンタクト』として出版されました。

アド・ビアーズ／ステファン・デナエルド氏（左）が1969年にオースターシェルデの入り江の浜辺でオランダのKRO TVのインタビューを受けているところ。

自分が見せられ言われたことにすっかり感心したビアーズ氏／ステファン・デナエルドは、交流が終わろうとするとき、地球文明を進歩させるためにもっと詳しい技術的知識を提供してもらえるかどうかを、宇宙から来たコンタクトの相手に尋ねました。返事は、それ以上ないというくらい率直なものでした。「あなたがたが最も必要としないものは、知的発達と、ほとんど存在しない社会的進歩との格差《ギャップ》を広げることになる技術的情報です。世界人口の半分が貧困と飢えの中で生きているのに、火星探査機で遊ぶことを続けているのが現状です。あなたがたが必要とする唯一の情報は、社会的基準の領域にあります(1)」

彼のコンタクトの相手によると、これは、人類が何千年もの間、宇宙で孤立してきた理由でもあります。「あなたがたは発達した文明の価値観、倫理を持っていません。(……)それは宇宙への統合の道を塞《ふさ》いでいます(2)」

いくつかの逆の主張――エリート集団が宇宙旅行のテクノロジーを所有しており、人類と世界資源を支配するという狙いをもって「離脱」文明をおおむね確立したという主張――にもかかわらず、ほかの多くの人物もデナエルドと同じことを言われてきました。ここで思い起こしたいことは、ベンジャミン・クレームは知恵の覚者の一人とのコンタクトに基づいて、多くの国の政府がある程度の「反重力」テクノロジーを達成したけれども、「宇宙の兄弟たちが示しているように、(……)空間の完全なコントロールを達成した」国は、実際にはどこにもないと述べていることです(3)。さらに、つい最近の二〇〇八年にも、「私たちがこの惑星上で訪問を受けているという事実を知る特権を得ている」と自分自身のことを語るアポロ十四号の宇宙飛行士エドガー・ミッチェル博士は、インタビューでこう語りました。「過去六十年間かそこらで何らかのバックエンジニアリング(分解工学)が行われたのではないかと思いますが、(……)訪問者たちが所有しているものに比べたら、まだ全く洗練されていません(4)」

こうした裏付けとなる表明や、エリート層はすでにこの惑星の富の大部分を所有しており、本書でこのあと見ていくように、そのために多くの国の民主的、司法的な過程に不当な影響力を行使しているという不都合な事実を考えると、地球人類のメンバーが自前の船で太陽系内を旅して回っているという意味の「極秘宇宙計画」の主張は、せいぜい「憶測」として分類するのが無難だと思います。

子どものためのおとぎ話として、著書『アミ 小さな宇宙人』を書くように依頼されたエンリケ・バリオスは、利己的な人類は真の知性を持たないと告げられました。「ほかの惑星《ほし》を侵略するのに必要な科学の水準《レベル》に達する前に、かならず自分たちで、自分たちのくびをしめるようなことをしはじめるよ。だって、爆弾をつくることのほうが、宇宙船や円盤をつくって、ほかの星を侵略するよりも、ずっとかんたんなことだからね。あるていどの科学の水準に達した、でも、やさしさや善意の欠けた文明は、かならずその科学を自滅するほうに使い出すんだよ[5]」。さらに、特に地球に関しては、「科学と愛のバランスが科学のほうに異常にかたむきすぎている。何百万ものこういった文明が、

オランダのコンタクティー、アド・ビアーズ／ステファン・デナエルド（左）。UFO 研究家ウェンデル・スティーブンスとともに。（写真：Brit Elders）

いままでに自滅してきているんだ。いま、地球は変換点にある。きけんそのものだよ[6]」

バリオスのコンタクトの相手は、すべてのものが関連し合っているけれども、私たち［人類］は「その連結している法則がどんなものか理解できないでいるか、あるいは、わざとそれを見ないようにしているだけのことなんだよ[7]」と言いました。一方、ジョージ・アダムスキーはこう言われました。「同胞とともに平和に暮らすことは、理解と同情の問題にすぎません。私たちが進歩しようと思えば、他人との日常の接触において誰もが学び応用しなければならぬのは〝宇宙の法則〟です[8]」。アミチツィア（友情）のコンタクティー、ブルーノ・サマチツィアもこう言われました。「現在はあなたがたの歴史における危機的な時点であり、テクノロジーにおける転換点ですが、子供じみた熱狂のせいで、あなたがたは道徳的な価値を忘れています。それを忘れるのは残念なことです。すべてのものが道徳律より発生し、すべてのものが道徳律のためになされるからです[9]」。彼自身はこう書きました。「彼ら［宇宙からの訪問者］は技術よりも道徳を優先します。一方、ここ地球では、私たちはそれと正反対のことをしています[10]」

こうした表明は、次のメッセージと同じくらい真実でしょう。これは、新しい時代《ニューエイジ》の世界教師として多くの人に待望されているマイトレーヤ（＃96頁）が、もっと切迫感をもって、ずっと続いている地球の悲劇について一九七八年に指摘したものです。「生きるために必要不可欠なものすら持たない男女や小さな子供たちが世界中に存在し、数多《あまた》の貧しい国々の都市に群がっている。この罪悪は、わたしを辱めてやまない。我が兄弟たちよ、あなたがたはこれらの人々が死ぬのを目の前にしながら、いかで自分たちを人間と呼ぶことが出来ようか？[11]」

科学、政治、あるいは経済にしても、私たちは、一つの人類の兄弟姉妹として関係し合うことをなおざりにして、物質的なものへとあまりに偏ってしまっています。この自然界の法則、このバランスが何ら新しいものでないことは、ジョージ・アダムスキーによって幾度も指摘されてきました。「あらゆる偉大な指導者は尊敬、愛、友好関係の法則を教えてきました。イエスの教えはキリスト教界のあらゆる宗派の基礎になっています。彼は私たちに一つの戒律を与えました。それは『裁《さば》きのない愛』の戒律です。しかし地球人のあいだに広がっている分裂、怒り、憎悪などをごらんなさい。このすべては戦争やあらゆる面で私たちが直面している戦争の流言などの基礎となっています。もし別な惑星の人々が彼らの教えを地球人と同程度に生かしてきただけなら、彼らも今日《こんにち》の地球に見られるのと同じ混乱を経験することになるでしょう(12)」。しかし、エンリケ・バリオスの登場人物アミによると、いま地球には、もっと前の時代よりも多くの苦しみがあるといいます。「人々は、以前、ざんこくな行為に対してそれほどせんさいではなく、戦争もとうぜんのことと考えていた。でも、いまはもうちがうんだ(13)」

ステファン・デナエルドのコンタクトの相手も次のように述べて、イエスの教えに言及しました。「誰が裕福で誰がそうでないかを見いだすために、複雑な比較をする必要はありません。世界の半分がやせるための療法で忙しく、ほかの半分が栄養不良と飢えで苦しんでいます。このことに関するキリストの言葉に疑問の余地はありません。『お前たちは、わたしが飢えていたときに食べさせず、のどが渇いたときに飲ませなかったからだ。はっきり言っておく。この最も小さい者の一人にしなかったのは、わたしにしてくれなかったことなのである(14)』」

バリオスは次のように書き、私たちが今日いる状況を生き生きと描写しています。「ある世界の科学の水準が、愛の水準をはるかにうわまわってしまったばあい、その世界は自滅してしまうんだよ。それには数学的な関係があるんだ。……もしある世界の愛の水準が低けりゃ、それだけその世界は、多くのひとが不幸で、憎しみや暴力や分裂、戦争などが多く、とても自滅の可能性の高い、きわめてきけんな状態にあるんだよ[15]」。したがって、火星から来たアダムスキーのコンタクトの相手は、私たちに強く勧めています。「地球人の科学知識は一般社会や人間性の発達程度をはるかにしのいでいますから、そのギャップを急速に解消させる〝必要〟があります[16]」

同様に、『ホワイトサンズ事件』の著者ダニエル・フライはこう言われました。「あなたがた自身の古今の哲学者が人々に十分な指示を与えてきました。それは、従わなければならないという絶対的な必要性を認識しさえすれば、人々が適切な進路を取ることができるほどの十分な知恵です。（……）あなたがたの宗教や哲学の本には、人類の偉大な思想家たちが昔からずっと、物質科学へ偏向することの危険についてよく認識していたことを示す言葉がたくさんあります[17]」。したがって、「地球で霊的、社会的な科学の発達を刺激するいくつかの方法や手段が見いだされない限り、物質的なものへの強調が文明を崩壊させてしまう時が必然的に訪れるでしょう。そうすれば、あなたがたの文明の霊的な面と社会的な面の両方に堕落と破壊がもたらされるでしょう[18]」

デナエルドのコンタクトの相手がより多くの技術的知識を分かち合うのを拒否したことに呼応するように、一九五〇年代のアメリカのコンタクティー、オルフェオ・アンゲルッチはこう言われました。「人類の科学的知識の破壊的な様相を助長することは許されていません。私たちは今、その知識を地球上での建設的目的に転化するために働いています。また、私たちは人類に、自分自身の本質についてのより深い知識と理解を、さらに人類が直面する進化上の危機についてのより大きな認識を与えることを望んでいます[19]」

この進化上の危機は人間の意識の危機です。私たちが一つの種族、一つの人類であることを内心では知っていますが、外的には、人間の個人性という比較的新しい特質が人々の心に強く訴えたため、分離感覚が人類の個々のメンバーの間に熾烈《しれつ》な競争を呼び起こしてきました。世界の最も裕福な**八十人の個人**が最も貧しい**人類の五十パーセント**よりも多くの資産を抱えているほどです。オックスファムによると、二〇一六年までに、人類の最も裕福な一パーセントが所有する資産は、残りの九十九パーセントの人々の資産の合計よりも多くなるうえ、十億以上の人々が依然として一日一・二五ドル以下で暮らすことになるといいます[20]。

世界教師は、側近を通して伝えた教えの中で、この目に余る不平等を「腫瘍《しゅよう》」と呼びました。「破産に向かっているのは大きな金融機関のみではなく、全世界が――精神的に霊的に――破産状態にある。世界は巨大な危機を通っており、あらゆる薬が試みられたが、いずれも失敗した。治癒が始まる前に、まず腫瘍が破裂しなければならない[21]」

「**スイッチを入れてニュースを見ると、記録破りの抗議行動や、かつては閑静であった通りでの歴史的な蜂起と暴動の映像が目に入る――ますます拡大する所得格差が、疑いもなく最も重要な問題となっている**[22]」

これは、社会の変化の必要に関する最近の記事からの引用ではなく、世界経済フォーラムの最近の報告書「グローバル・アジェンダ概要二〇一四」の第二章冒頭です。このフォーラムは、世界のエリート層がスイスのダボスで開催する年次会合によって最もよく知られています。世界の指導者たちはついに、ますます広がる貧富の格差の危険に徐々に気づいてきています。さらに、この傾向が野放しのまま続くことは許されないということは、オバマ大統領による二〇一四年一月の一般教書演説にも反映されています。「現在、四年間の経済成長を経て、企業の収益と株価はこれまでになく高く、また、トップ層がこれほど良くやったこともかつてありません。しかし、平均賃金が上向くことはほとんどありませんでした。経済格差が深まりました。(……)回復の真っただ中にあってもなお、何とかやっていこうとこれまで以上に働いているアメリカ人があまりにも多いのが、厳しい現実なのです――前進と言えるような状況ではありません」。オバマ大統領はその後、所得と機会の格差拡大に潜む危険への対処を目指した政策の概要について説明しました[23]。それ以降、生活賃金を実現しようという運動が拡大して勢いづき、一定の成功を収めた一方で、富裕層と残りの層の所得格差は、どのような基準からしても節度を欠いたままです。

心《ハート》といくらかの常識を持った人々は、利潤という動機を超えたところでは全く意味をなさない、人間が人間自身と他の生き物にとっての生存を複雑にしてしまった従来のやり方を目の当たりにし、「もし火星人がこの惑星を訪問したら……」といった部外者の視点を取り入れることによって、人類自身と地球に対処するにあたっての人類の機能不全のやり方に対してしばしば不信を表明します。

多くの読者は、他の惑星から来た人々によってこれまでに訪問を受けてきたし、今も訪問を受けているということを認識されるでしょう。一方、多くの方が正確には知らないかもしれないことは、日々の生活のためにお金を稼ぐ必要と、地球を台無しにしてまでも際限のない富という「夢」を追求することを中心に社会を組織立てることを私たちが選択したことについて、こうした同じ訪問者たちが繰り返し懸念を表明してきたということです。例えば、ジョージ・アダムスキーは、一九五四年に母船への搭乗中、宇宙から来たホストにこう告げられました。「もし人間が大変動を起こさずに生きようと思えば、他人を自分自身とみなし、他人を自分の反映と考える必要があります[24]」。他の惑星から来た人々との持続的なコンタクトを何年間も続けたあと、アダムスキーは一九六四年十二月にこう付け加えました。「健康な繁栄する社会を持つためには、多くのトラブルをひき起こす原因が除かれねばなりません。だれもが知っているように、この汚点はすなわち富裕のさなかに存在する貧困です。それは病気、犯罪、その他の多くの悪の要因です[25]。……」

約六十年前に世界情勢について書いたアダムスキーの次の言葉は、今やほとんど予言的な特質を帯びています。「今日《こんにち》多くの人は地球上で地獄の中で暮らしていますが、これは混乱、不安定、分裂などによるもので、このいずれも恐怖、貧困、憎悪を生み出しています[26]」。というのは、彼がこの言葉を書いた一九五七年には、こうした観察の妥当性に誰かが疑問を呈することがあったとしても、その言葉は今では、つらい現実になっているからです。このことは、「財政を均衡させる」「経済を刺激する」「市場に安心感を与える」といった政策の影響に関する新聞の記述にも表れています。

これは一夜にして起こったのではなく、世界の先進国の人々が長い間知っていた傾向の蓄積であり、私が別のところで指摘したように、一九七九年のイギリスでのマーガレット・サッチャーの選出、そして一九八〇年のアメリカでのロナルド・レーガンの選出とともに、新自由主義的《ネオリベラル》な議題が幅を利かせるようになって以来、政治演説や経済政策へと入り込んだものです。二人の政権は、より小さな政府、市場規制を縮小する政府がより良い政府である、という観念の土台を築きました。過去四十年にわたって、この政府の概念は、ヨーロッパ諸国の社会民主主義政党や多くの左翼政党にも受け入れられてきました。ただし、アメリカのものが現在でも最も急進的であり、できるだけ公共サービスへの支出を少なくする政府の「責任」に関する見解については、民主党と共和党とでわずかな違いしかありませんでした。

第二次世界大戦も終わりに近づいた頃、一九四四年一月十一日の一般教書演説において、フランクリン・ルーズベルト大統領は、「第二の権利章典」として知られるようになるものの概要を示しました。その中に含まれているのは、「国家の諸産業、店舗、農場、あるいは鉱山において、社会に貢献し、正当な報酬が得られる仕事を持つ権利、充分な食事、衣料、休暇を提供するだけの利益を上げる権利、(……)すべての世帯が適正な家を持てる権利、適正な医療を受ける権利と健康を実現し満喫する機会、老齢、病気、事故、失業による経済的な恐怖から十分に守られる権利、良い教育を受ける権利[27]」です。これらの多くはのちに、ルーズベルト大統領夫人のエレノア・ルーズベルトが推進した「世界人権宣言」に盛り込まれ、一九四八年十二月十日に国連総会で採択されました[28]。

欠乏からの人間の自由と、幸福を追求する真の権利に対するルーズベルト大統領の取り組みは、一九六四年に開始されたリンドン・ジョンソン大統領の「偉大な社会」政策によって強化されました。

これは主として、アメリカにおける貧困の削減と人種的な不正義に焦点を当てたものです。保健教育福祉省の元長官ジョセフ・カリファノによると、開始から六年後の一九七〇年までに、「貧困ライン以下で生活するアメリカ人の割合は二十二・二パーセントから十二・六パーセントまで低下しました。これは今世紀において、そうした短い期間中での最も劇的な減少です(29)」。彼は一九九九年の記事『偉大な社会』に関して本当に偉大であったこと――保守派の神話の背後にある真理」の中で、社会正義を実現するための手段としての教育、保健、差別是正措置を通して「政府がばらまきではなく、実際の手助けをすることになった」一連の政府介入による多くの成果を列挙しています。

この見方を確認するかのように、ステファン・デナエルドは英語の改訂増補版でこう述べています。「彼らによる文明や文化という言葉の定義は、科学的あるいは技術的な発達レベルとは全く関係なく、コミュニティー（共同体）が障害者や弱者の世話をする方法に関係しています。超文化《スーパーカルチャー》という言葉は、いかなる個人へのいかなる差別をも撤廃する集団構造が個人の努力を通して生起した時に生じる状況を定義するものです(30)」

西欧世界の大部分が戦後の再建設の過程にある間、新自由主義による十九世紀の資本主義への回帰の前からすでに、宇宙からの訪問者たちは、私たちの社会経済システム固有の欠陥の一つかもしれないものを予見していました。一九五五年に、土星人の覚者《マスター》は、人類の道徳的な飢餓状態について、やや詩的な表現でジョージ・アダムスキーに解説しました。「……人間は理解力の欠乏のために、地球上の存在の調和を破壊しました。彼らは隣人にたいして敵意をもって生活し、心は混乱して分裂しました。まだ平和を知りませんし、真の美を見ていません。物質的な達成をどんなに誇ろうとも、人間はまだ地獄に落ちた魂として生きています。こんな暗黒の中に住んでいるこの人間とはだれなのでしょう？　それは〝不滅なる者〟に奉仕しなかった救われざる者です！……自分の束縛された心の理解を超えたものをすべて恐れるのは人間です。魂の飢えを否定するのは人間です[31]」

ドイツの元首相ヴィリー・ブラントが創設し主導した委員会は、世界の富と機会の分配における格差に対処すべきだという提案を行いました。しかし、現在のところ人類の支配的な主導者となっている西側諸国は、そうした提案の実行によって、私たちが本質的に一つであることを表現するのではなく、市場を自由化すること――つまり、市民や消費者を守る規制や制限を撤廃すること――によって、そして今や、国家の資産や納税者の貢献をもとに整備されてきた配電網や公共交通機関、郵便サービス、保健、住宅、さらには水の供給のような公共サービスを、利益のために営業や貿易を行っている大企業に売却することによって、市場フォース（力）を野放しにする過程を始めてしまいました。

「世紀の売買――民営化という詐欺」という記事の中で、イギリスの作家でありジャーナリストであるジェイムズ・ミークは、どのようにしてそこに至ったのかを描写しています。「政府は始めから無能である、国家の税制は抑圧的である、富への欲望は達成への正しい主要な動機である、実質的にすべての人間的欲求は競合する民間企業によって最もよく満たされ得る、このように考える市場信念体系は、チリからニュージーランドに至るまでの非共産主義世界に定着しつつありました。一九七〇年代の経済停滞と高インフレは政府の支出超過と労働団体の利己主義のせいであるとする一般大衆の認識に勢いづいて、サッチャーとレーガンは強力な労働組合と対決し、勝利しました。物と金の国際的な移動に対する障壁が取り払われ、欧州連合は名目上、単一市場となりました。イギリスでは、庶民が日常の必要をまかなうために借りることのできる金額の上限が廃止され、何百万もの人々がクレジットカードを手に入れました。銀行が国民の預金を借りることがどこまで許されるかを管理していた大量の規制が撤廃され、想像を絶するほどの巨額な資金がひそかに国から国へと移されていました。所得税と法人税同様に、政府支出は削減されました。消費税と日常サービスの料金は引き上げられました。公営住宅と大きな国営企業が民営化されたうえ、さらに多くの民営化が計画され、何十万人もの余剰人員が解雇されました。国際通貨基金（ＩＭＦ）と世界銀行は、開発途上国への救済融資に付けた条件に関して実験を行っていたため、イギリスでのサッチャーの計画は両者にとって刺激となりました(32)」

この新自由主義の世界観が優勢になるかなり前の一九六五年、デナエルド氏のコンタクトの相手は、規制されない市場フォースの危険について彼に語りました。「自由」経済が存在するための「基盤は、ジャングルの掟《おきて》（弱肉強食の法則）、経済的な強者の権利、力の均衡の現状維持です。そのために軍事力が必要になります。科学技術の面が突出した文化は、多くの自然律によって支配されます。その一つは、差別は他の様々な差別によって支えられ、一時的にのみ存在し得る、というものです。あらゆる差別が他の差別へとつながります。権力は、弱者に対する強者の差別であり、ジャングルの掟の一部です(33)」

すべての人にとっての自由で公正な社会に向けた努力から、億万長者になるという仮想的なチャンスのために、教育から刑務所制度まであらゆるものを収益化しながらすべての人が競争する社会への、この移行の結果は悲惨なものです。それが悲惨なのは、民主的、司法的な過程と機関の腐敗や、注目を引き付けようと競い合う公告に容赦なくさらされて衰弱してしまう効果のせいだけではありません。この二つが組み合わさって、市民は公民権を剥奪され、知的レベルを低下させることになるほか、世界のエリート層が自分に有利なように「ゲームの不正操作」をさらに押し進めることが可能になります。とりわけ悲惨なのは、食料、住居、保健、教育という人間の基本的な必要条件を欠いたまま、いまだに取り残されている何十億もの人々であり、さらには、こうした基本的ニーズの必要最小限の費用をまかなうために二つか三つの仕事をかけ持ちしている急増する人々です。

アメリカとソ連の緊張緩和《デタント》が本格化し、ヨーロッパにおける超大国の影響圏を区切っていた「鉄のカーテン」が劇的に崩壊する直前の一九八九年四月、シェア・インターナショナル誌は、側近の一人を通して伝えられた世界教師マイトレーヤからの次のような解説を発表しました。「超大国がそれぞれ自国の外交方針や利益を追求するための武器供給の政策を撤回するにつれて、世界中で起こっていた戦争や紛争が過去二~三年間で減少した。軍隊を戦場に送り込み、空を爆撃機で埋めるエネルギーのスイッチが切られた」。しかし、そのエネルギーは、市場フォースによってつくられた商業主義の中に新しい子宮を見つけた、と世界教師は述べています。「超大国の新しい信条は経済であり、それは商業主義の魂である。これが世界に深刻な新しい脅威を呈しており、人間の生命をも危うくし得る。商業主義の特質は貪欲であり、それはすべての国家に影響を及ぼすだろう。戦場から巻き戻された否定的（破壊的）エネルギーは目も心（マインド）も持たないフォース（勢力）であり、非常に敵意に満ちた風潮を世界につくるだろう。政治家は商業主義が人類の未来だと信じるけれど、彼らはこのエネルギーをコントロールすることができない。（……）今われわれは新しい戦いを目撃している。この戦いは、もし人間の心（マインド）で破壊的エネルギーを転換させることができなければ、勝利できない。認識のみがこのフォース（エネルギー）を止めることができるのであり、商業主義が人間の福祉と健康を危うくするならば、人々は生存を懸けて戦うだろう。その状況は火山のように爆発するだろう[34]」

こうした言葉が語られて以来、いくつかの爆発が起こりました。特に二〇〇〇年の「ドットコム」バブルの前後、そしてもっと深刻なのは、世界金融システムが完全なメルトダウン（破綻）に直面した二〇〇八年です。それは、自分の会社により多くより速く儲けさせ、そのようにして自分がより大きな一時金を手に入れることを主要な動機とした銀行家たちによる、荒々しい投機の結果でした。アメリカのリーマンブラザーズ投資銀行の破綻は世界の銀行制度に影響を及ぼし、ほとんどの西側諸国の主要銀行は、現在の金融システムを専門家が知っている実体――もはや立っていない砂上の楼閣――へと引き下げてしまう連鎖反応を防ぐために、債務救済されなければなりませんでした。銀行危機はすぐに欧州連合（ＥＵ）内にユーロ危機を引き起こし、その危機は次に、多くの加盟国の債務危機と国家予算危機につながりました。それは、政府が規制を撤廃していたために実質的に無制限のリスクを負うことを許されていた民間企業（銀行）を救済するために、実質的に無制限の信用供与を行うことをアメリカとＥＵが決断した時に起こりました。その救済策は、金融部門が瀬戸際で救済されたという体裁を何とか取り繕うことができたため、ほとんど平常通りの業務に戻りました——ただし、危機の原因に何一つ対処していないので、二〇一五年にはもっと大きな爆発が起こる、と警告する経済評論家やアナリストの数がますます増えています。その一方で、世界中の人々はいまだに、こうした制度的な不正義のつけを支払わされるという結果に苦しんでいます。このことに関連して、バック・ネルソンが一九五二年に遭遇したスペースピープルは投機家たちを軽視していたということを知ると、読者の皆さんは興味深く思うかもしれません。「私たちがよく使う、生計を立てる手段の中には、彼らにとって絶対に受け入れられないものもあります。こうした手段の一つは、多種多様な方法でお金からお金を作り出す私たちの慣行です[35]」。トルーマン・ベサラムは一九五五年に、コンタクトの相手から全く同じことを言われました。「もしクラリオンにそういう人がいれば、それはすぐに取るに足らないものになるでしょう。あなたがたと同じように、私たちも大邸宅とスラム街を持つことになるでしょう[36]」

　私たちはスラム街だけでなく、多くのホームレスの人々も抱えています。アメリカだけで、住宅・都市開発省が発表した二〇一四年一月時点のホームレスの数は五十七万人を超えていましたが、教育省はホームレスの子供の数だけで二〇一三年時点で百三十万人としています[37]。

2010年10月、パリ近郊のシャルル・ド・ゴール空港で、パリからモーリシャスに向かう航空機AF980/MK045便に乗っているとき、離陸時に撮影された空飛ぶ円盤。

私たちは発達した文明の倫理を持っていない、とスペースピープルが言うとき、彼らが正確に何を言おうとしていたのかを説明するために、二〇一四年十月の新聞報道を見てみます。それによると、家がないこと自体は十分に恥ずべきことではないようです。アメリカでは、「生き延びるためにどんな人間でもしなければならないことをしたかどで路上生活者を刑事的に罰することを、多くの都市が選択しました……」。その報道にある実例の一つは、ジルというホームレスの男性と、信じられないような交通違反に関するものです。彼はフロリダ州フォートローダーデールで違反切符を切られました。「数週間前、両足を道路につけて縁石に座っているところを警官が見つけた際に書かれた警察の召喚状が、彼の手には握られています。その召喚状には、『両足を車道に入れて交通を妨げた』と記載されています」。さらに、ナショナル・パブリック・ラジオは二〇一四年十月二十二日、アメリカの二十一の都市が二〇一三年一月以降、公共物の使用に関する規則を導入したり、ホームレスのために食べ物を準備・提供する人々が食品取扱者の許可を得ることを要求したりして、「ホームレスに食べ物を与える人々を制限することをねらった」法案を可決したと報じました。[38]そうした条例がフロリダ州フォートローダーデール市で可決されてから三日後、過去二十三年間、公共の海岸でホームレスに食べ物を与え続けてきた九十歳のアーノルド・アボットが逮捕されました。[39]オンライン報道のある読者は、「もしイエスがアメリカに来れば、独房に閉じ込められるだろう」と辛辣《しんらつ》に批評しました。これは一九五八年のジョージ・アダムスキーの意見を思い起こさせるものです。彼は次のように問いかけていました。「かりにイエスが聖書の予言の遂行で地球へ帰ってくることになったとしても、イエスはどのようなチャンスを得て帰れるでしょう？[40]」

不正義を正そうとする人々に不正義が行われたことについて読むのはひどく腹立たしいものですが、私たちは気づかなければなりません。エンリケ・バリオスが述べたように、正義のために立ち上がるとしたら、不正義を「見るようにする」必要があります。ほかにも無数の例があります。欧州の緊縮政策の要求によって特に深刻な打撃を被った欧州諸国の一つはスペインです。同国の若者の失業率は二〇一五年始めには五十パーセント以上に達しました。[41] 一方、ローマカトリック系慈善団体カリタスだけでも、二〇一四年に二百五十万人以上に、つまり二十人に一人のスペイン人に食料、衣類、援助を提供しました。[42] イタリア、ポルトガル、アイルランド、ギリシャについても、同じような統計を、場合によってはもっと悪い統計を引用することができます。金融危機に端を発したユーロ危機の結果として必要になった緊急融資を受ける条件として、一九八〇年代に始動した民営化の波が、欧州連合と世界銀行によってこうした国々に押し付けられたからです。本章が書かれている時点［二〇一五年七月］でも、欧州の債権国と国際通貨基金（ＩＭＦ）による財政支配をさらに強めることになる緊縮政策の押し付けに反対するギリシャ国民の勇敢な闘争は、大いに必要とされる救済措置を確保するというギリシャ政府の土壇場での合意によって、敗北に終わったようです。

2009年7月27日、オランダのスタンダールバイテンの小麦畑のミステリーサークル上で、オランダ人の霊能者《サイキック》ロバート・ファン・デン・ブレーケによって撮影された空飛ぶ円盤。（写真：© Robbert van den Broeke）

　しかし、評論家たちはますます、民営化とそれがすべての人にもたらすはずのより大きな自由を詐欺だとして非難しています。社会正義を犠牲にして企業資産に有利なように創造された巨大な不均衡について読者に思い浮かべてもらうために、オーウェン・ジョーンズの記事から、鍵となる事実をいくつか挙げてみます。この記事は、『体制――彼らはどうやって逃げきったのか』という彼の著書をもとにしたものです。「金融崩壊後、一兆ポンド以上の公的資金が銀行に注入されました。この緊急対策の実施にあたって、政府によって課される条件はほとんどなく、責任が問われることもほとんどありませんでした。（……）二〇一二年には、二千七百十四人のイギリスの銀行家が百万ユーロ以上の支払いを受けました――ほかのEU加盟国の十二倍です」。同時に、「金融危機に続いた緊縮計画では、社会の底辺にいる人々への国の支援が削減されました。残された支援にしても、厳しい条件付きで与えられます。『給付金制裁』とは、しばしば非常に的外れな、もしくは恣意《しい》的な理由による給付金の一時的停止のことです。政府の数値によると、八十六万人の給付金受給者が二〇一二年六月から二〇一三年六月の間に制裁を受けました。……食料銀行《フードバンク》の最も大きな設置団体トラッセル・トラストによると、食料援助を受ける人の半数以上が、給付金の削減や制裁のせいで食料配給に依存していました[43]」

　糖尿病を患っていたイギリスの男性（五十九歳）の痛ましい実例が新聞記事の中にありました。二十四年間ずっと働いておりましたが、給付金を打ち切られてしまったその男性は、就職の応募のために印刷していた履歴書の山を体のすぐ側に置いたまま亡くなっていました。雇用年金局の公共職業安定所は、彼は十分真剣に仕事を探していなかったと主張し、二〇一二年十月の社会給付金制度の引き締めに従って、彼に制裁を課しました。新聞報道によると、遺体を発見した彼の妹は次のことを確認しました。「電気は止められていて、インシュリンを保管していた冷蔵庫は動いていませんでした。アパートの中に、食べる物はほんのわずかしかありませんでした――六個のティーバッグ、賞味期限切れのイワシの缶詰、トマトスープの缶だけです。プリペイド式携帯電話には五ペンス（約十円）分しか残っておらず、銀行口座には三・四四ポンド（約六百二十円）しかありませんでした。胃には何もなかったことが検視記録から分かっています」[44]。これが孤立した事件でないことは、給付金の削減または停止後に死亡した給付金受給者数に関する統計の公表を雇用年金局が遅らせたため、イギリスの統計監視機関が同局に対して明確な情報を提供するよう要請したという事実によって際立つことになりました[45]。

このようなことでさえ、現在のシステムの道徳破綻の全容ではない、とオーウェン・ジョーンズは書いています。「イギリスの公的部門の多くは今や、企業に暴利を貪《むさぼ》らせるための資金調達経路となっています。英国監査局（ＮＡＯ）によると、公的部門によって物品やサービスに支出された千八百七十億ポンドの約半分が今や民間契約者のもとに行きます。（……）二〇一二年には、納税者のお金四十億ポンドが最も大きな民間契約者たちの口座へとつぎ込まれました……」。それでもなお、「国の補助金から非常に大きな利益を得ている企業や裕福なエリート層の多くの間で、税金逃れが横行し」、それは何十億ポンドにものぼっています。

こうした数値はイギリスに関するものですが、アメリカの状況も根本的には異ならず、ほかの西欧諸国においても決して良くはありません。したがって、オーウェン氏はこう結論付けています。

「貧しい人々のための社会保障は分断され、剥奪され、ますます条件が厳しくなっています。しかし、大企業と裕福な人々のための福祉費はかつてないほどばらまかれています。問題は、そのような体制が不公正であるかどうかだけではありません。問題は、それが持続可能であるかどうかです[46]」

一九六〇年代半ばに与えられた洞察についてステファン・デナエルドが書いたことを考慮すれば、宇宙からの訪問者たちの先見の明には、またしても驚くべきものがあります。「個人の所有物は、非常に原始的な文化レベルを示唆するものです。私たちにはロケットを建設するほどの知性がありますが、適者生存の法則と『力は正義なり』は廃止されなければならないということを理解するだけの知性はありません。たぶん私は、そうしたシステムにより私たちがどのように生き延びることができると考えるかを、彼らに説明できるでしょう。なぜなら、私たちのシステムはかなり興味深いものではありますが、彼らがここ地球で差別に関して見いだしたことは、彼らがかつて遭遇したどんなものをも出し抜いてしまうからです。地球人は絶えず新しい差別を考え、すでに存在する差別への解決策としてそれを使うことで忙しいようです[47]」

世界経済システムの中に埋め込まれた不平等が、今では開発途上国はもちろん、世界の先進国の人々にも影響を及ぼしているため、世界中で抗議行動が増加しています。多くの北欧諸国では、一九六〇年代と一九七〇年代の社会的平等政策の名残りが、これまでのところ緊縮政策の影響の大部分を吸収してきました。そうした国々では、政治層に対する民衆の不満はこれまで主として、自国の社会保障制度への脅威と目される移民や難民を対象とした、「他者」への恐怖として表出しています。また、確かに、そうした外国人嫌いが南欧諸国においてもないわけではありませんが、新しい政治運動が急速に台頭してきた国がいくつかあります。ギリシャでは、シリザという名のもとに幅広い連合が形成されました。シリザは二〇一五年三月の選挙で権力の座に押し上げられました。一方、スペインでは、反緊縮政策の抗議行動に歯止めをかけるために極めて厳しいデモ行動取締法を導入したものの、新しいポデモス政党が二〇〇九年の「怒れる者たち」の抗議行動から生じ、スペインの次の国会議員選挙で大勝利を収める構えを見せています。

したがって、商業主義がもたらすはずであったこの「自由」は、実際には、私たちを奴隷化《どれいか》しているのです。一九八〇年代以降の各国政府の合言葉は、国富を増やすためには、最も富む者がその富の多くを自分の利益のために使うことが許されるべきだ、なぜなら富は富を生むからだ、というものでした。証明された経済理論に基づいていたわけではありませんでしたが、これが政府の政策において実施されたのは、社会の最も裕福な人々のために税額を下げるため、そして軍需産業や化石燃料・原子力産業といった、すでに時代遅れだけれども主要な産業を助成するためでした。今や地球上には、そうした制度化された貧富の差別の有害かつ危険な結果が生じていない社会は存在しません。しかし、宇宙からの訪問者たちは、私たちにとっては極めて明白性に乏しかった一九六五年にすでに、そうした社会的分離に関してデナエルド氏に警告しておりました。「知的な人々の発達を支配する最も危険な自然律によると、科学技術が高度に発達した社会はあらゆる差別を撤廃するか、そうでなければ自滅するか、そのどちらかです。あなたがたのような人々に技術情報を授けることは、宇宙の法則に反する重大な犯罪です(48)」

ここで言及された危険は、私たちは競争を、生活を構成する不可欠な要素として利用してきたと

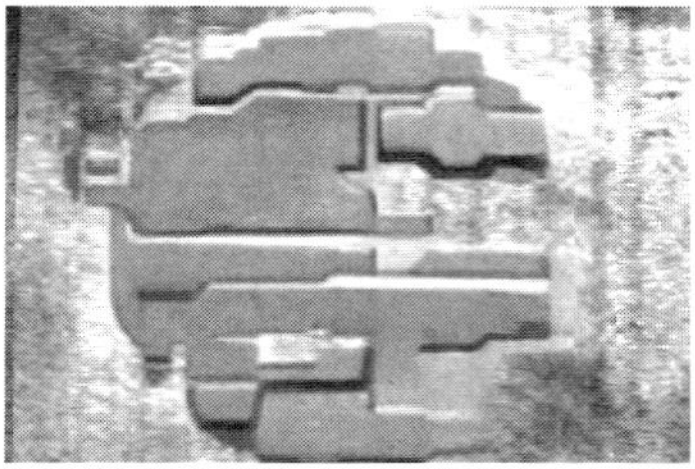

2011年、スウェーデンのオーシャン・X・ダイビング社の社員であるピーター・リンドバーグとデニス・アスバーグはバルティック海の水深約90メートルの海底で、直径60メートル、高さ4メートルの円形もしくは三日月形の物体と1,500メートルの長さの引きずった跡を発見した（左）。もっと小さな円盤型の物体がその大きな物体から約400メートル離れたところで発見された（右）。

ベンジャミン・クレームに由来する情報（シェア・インターナショナル誌2012年8月号）によると、物体は両方とも、スペースブラザーズによって故意に放たれた、火星の宇宙船の複製である。

（右側の画像の処理：Hauke Vagt; thebalticanomaly.se）

いう事実にあります。デナエルド氏はこう言われました。「あらゆる人があらゆるものを取れるだけ取るという大衆の利己的行為は、公共の利益のために働く能力を妨げます――例えば、自然界のバランスを無限に維持することができるような清浄《クリーン》な惑星を創造する能力です。将来世代のために天然資源の利用を制限することも不可能です。利己的な人は、ほかの人のために何かを放棄することができないからです[49]」

ここで、エンリケ・バリオスの主人公アミの言葉が思い浮かびます。「それはひとが悪いのじゃなくて、古いシステムを使っている組織がいけないんだ。人間は進歩してきたが、システムがそのまま変わらずにいる。悪いシステムがひとを傷つけ、不幸へと追いやって、しまいにまちがいをおかすようにさせる。でもよいシステムの世界的組織は悪人を善人に変える力があるんだよ[50]」。デナエルドの宇宙人のコンタクト相手が述べたことを確認するかのように、アミはこう言います。「……前むきで的確な情報と適度な刺激と愛をともなった社会組織の中にいるので、みんな、同胞に対して害をあたえるということがない。〝悪人〟になる必要がないんだよ。だから、警察もいらないんだ……」。若い友人のペドロは「信じられないな！」と答えます。アミはこう応じます。「信じられないって、でも別の世界では、人々がおたがいを殺し合っている……そっちのほうがずっと信じられないことだよ」[51]

私たちの現在の世界システムにおいては、優勝者が報われる一方で、「いちばんビリははずかしい思いをするし、いじけるよ。反対に受賞者にはエゴがひろがるし」とアミは観察しています。アミの説明によると、勝つことが実際に意味しているのは、「他人《ひと》より上にぬけ出すという考えだね。それは競争だし、エゴイズムだし、そしてさいごには分裂だよ。そうじゃなくて、ただ、自分じしんと競争して自分じしんにうち勝つべきなんだよ。他人と競争するのじゃなくてね。進んだ文明世界には、そういった同胞との競争はまったく存在しない。それこそ、戦争や破壊の原因になりかねないからね」[52]。教育の真の目的に関する記事の中で、アメリカの教育者アルフィ・コーンは次のようにはっきりと区別しました。「私たちの社会は、競争力という言葉に心酔するあまり……二つの非常に異なったアイディア、つまり卓越性と、ほかの人々に勝利するという死に物狂いの追求との混同を助長し、問題を悪化させています」[53]。ジョージ・アダムスキーは一九六五年に、「地球上の私たちのような競争がなければ、すべての独創性が押さえられてしまうのではないでしょうか」という質問をされたとき、よく似た考えを伝えております。彼はこう答えました。「いいえ、それが何であれ、励まされるでしょう。自由な事業はなお自由な事業であり続けるでしょう。……競争心は容易に、各自の能力に応じて最善を尽くしたいという個人の願望に置き換えられます[54]」

人々が「健全な競争」について語るとき、秘教徒のベンジャミン・クレームはそれを正当化と呼びます。「『健全な競争』はただ単に製品価格を引き下げること、それだけです。……何百という会社が一斉に同じ製品を競争によって安く作ったとしても、そのプロセスが商業化を伴っているならば、従ってその結果いのちの特質をおとしめているとしたら、何の得にもならないのです。（……）表示価格を引き下げるために何でも犠牲にするわけにはいきません。その製品を生産することによる社会的な結果を見なければなりません。価格を可能な限り低く抑えるために、それによる社会的な、全地球的な、生態的なコスト（犠牲）が惨憺《さんたん》たるものであるというのに、百種類もの自動車や排水管やドアやそのほかのものを作るために資源を浪費し誤用することは正しいことでしょうか。（……）『健全な競争』はあらゆるものを過剰に製造しますから、生産者はその製品を売るために競争することになります。しかし私たちは生産されるものすべてを買えるわけではありません。ここで選択という神話が入り込んでくるのです[55]」

ステファン・デナエルドは、ほかのものもある中で一つの製品やサービスを選ぶよう消費者を説得するために、「広告」や「ＰＲ（広報）」と称して私たちが行っていることを、宇宙人のコンタクト相手がどう評価しているかを伝えています。彼らの目には、それは下品すれすれのように映っています。「見かけは新しいモデルが絶えず流されることによって、地位の象徴《ステータスシンボル》を志向する私たちの社会は、有用性がなくなる前に物を捨てるよう追い立てられます。原材料と生産能力のひどい浪費であり、さらに悪いことに、嫉妬《しっと》と貪欲をあおるものであり、これは犯罪的なことでした。この物質主義の助長、知的な人類にとっての致命的な危険は、いかなる正義の観念にも真っ向から反していました」。それだけでなく、私たちの広告は、宇宙からの訪問者たちによって「倫理的に受け入れ難い卑しむべき宣伝形態」と見なされています。「社会的に安定した社会においては、言論の自由だけでなく、それ以上に大切ことですが、思想の自由がありました。宣伝、繰り返される一方的な情報は、思想の自由を損なっており、受け入れ難い差別でした[56]」

カナダ人のUFO研究家、コンタクティーであるウィルバート・スミスは、私たちがどれほど長く同じ問題に取り組んできたのかに関して、別の辛辣な例を提示しています。「人間の心の戦い」という記事の中で彼はこう書いています。「……私たちすべてがどれほど懸命に強い心を持ち、個性的であろうと努めても、話し言葉や書き言葉、ほかの思考伝達の形態によって、特に本、新聞、ラジオ、テレビを通して、微妙に影響を受けています。後者の分野では、スポンサーが分かり過ぎるくらい分かっているように、『コマーシャル』でさえ、特定の製品を購入するよう私たちに決心させるうえで重要な役割を担っています。公私両面で、ほかの人々の思考によって左右されることが多く、無関心すぎて自分で意見を形成できない一部の人々は、よりはっきりと表明されたほかの人の見解を自分の見解として進んで受け入れようとします。（……）政治の分野、票の獲得のために大がかりな偽りの陳述が行われる領域ではしばしば、もっと大きな圧力がかかり、賢い政治家の、見かけは説得力のある美辞麗句によって影響を受けることがよくあります。しかし、最も大きな危険がひそんでいるのは国際政治の領域です。というのは、その領域では利害が渦巻き、権力への渇望が最も大きいからです[57]」

本章に関連した良い例は、イラク戦争（二〇〇三年〜二〇一一年）です。これは、イラクが二〇〇一年にニューヨーク市の世界貿易センターへのテロ攻撃に関与したとして、そして大量破壊兵器を備蓄しているとして濡《ぬ》れ衣《ぎぬ》を着せ、アメリカとイギリスによって始められたものです。侵攻を行おうとしていることに抗議して世界中で千二百万人が行進するなど(58)、前例のない民衆の非難が巻き起こりました。しかし、「有志連合」が大砲の砲身からイラクに自由と民主主義をもたらすという親切な行為によって、イラクは再び売られました。それは実際のところ、アメリカの産業界の利益のために最低価格でイラクの油田を確保することに関わることでした。

本章が明らかにしているように、私たちは競争という概念が蔓延するのを許してきたため、今ではそれを人生の事実として――私たち自身に被害が及んでもなお――受け入れています。競争は労働にまで影響を及ぼしており、世界中の国々の何百万もの人々が最低賃金レベル以下の仕事しか見つけることができません。競争を崇拝し、低価格を崇拝しているため、可能な限り最低の賃金の仕事を求めて競争することになります。その傾向はますます強まっているため、二つかそれ以上の仕事をする覚悟がなければ、まっとうな暮らしをすることさえできなくなっています。自己啓発や自己実現のための時間はもちろん、くつろぐ時間さえも取れなくなっています。

何十年もの間、世界を北と南に分断してきた、（比較的）裕福な人々と極貧の人々との分離は今や、すべての国を分断しています。世界中で移民たちが、生計を立てることができると見込んだ地域に入らせてほしいと強く要求しています。そのためには、地元民が敬遠する仕事ですら引き受ける覚悟ができています。どのような雇用保障もなく、危険な労働に対する保護措置《セーフガード》もなく、最低賃金にも満たない仕事です。役所の規定によるどんな措置も、個人の識別も、移民に対する国際社会や国家の制限も、あるいは壁や海でさえも、こうした兄弟姉妹たちがほんの少しだけでもまっとうな生活をする権利を主張するのを止めることはできないように思えます。

それでもなお、私たちの多くは、特に選挙で選ばれた民衆の代表者たちは——イデオロギーによって、あるいは退職後のより大きな富や権力に目がくらんで——民間企業に対するより大きな自由が、底辺にいる人々の生活を良くするにあたっての鍵だと確信しています。それによって、市場でこうした「商品」を「買う」ことができるほど裕福でない人々にとっては、自由が束縛され、不正義が増大することになります。したがって、社会保障よりも企業利益を優先させる自由化を、そして環大西洋貿易投資連携協定（ＴＴＩＰ）や環太平洋連携協定（ＴＰＰ）といった形で民主的な過程をいっそう弱体化させる、はるかに広範囲に及ぶ自由を多国籍企業側にもたらす自由化を、最近の例としてギリシャやプエルトリコのような債務国に押し付けようという努力が行われています。そのような現状では、十分な数の人々が地球規模の不平等、不正義、経済的隷属に反対して立ち上がる必要を認識するためには、現在の金融・経済システムのもう一回の、完全な崩壊《メルトダウン》が必要だとしても驚くにあたらないでしょう。

ベンジャミン・クレームの師である覚者は、このことをとても雄弁に述べています。「商業至上主義、すなわちあの急速に発展した、しかし陰険な、しばしば隠れた脅威が今や数え切れない何千何百万の人間の生活と運命を支配する。そして人間の天与の個人性を取るに足らないものにしている。今や人間は統計にすぎず、そこには人間の目的も必要も考慮に入らず、人間は市場エネルギーと企業の利潤というチェスゲームのポーン（歩）の駒である[59]」

しかし、金星人の覚者《マスター》がジョージ・アダムスキーに述べたように、「〝ただ一つ〟の生命が存在するだけです。その生命は全包容的です。地球人は、二つの生命に仕えることはできず一つの生命だけに役立ち得るのだということを悟るまでは、絶えずたがいに反目し合うでしょう。これは、地球の生活が他の諸惑星の生活に匹敵するようになるまでに、全地球人が〝知らねばならない〟一大真理なのです[60]」

私たちは、すべての生命が一つであることを見失い、人類の兄弟姉妹として一つであることさえ見失ったため、創造主から分離し、惑星とのつながりや、存在の本質つまり魂とのつながりも失ったと思い込んできました。そのため、互いに衝突し合い、人生そのものを生存競争に変えてきました。アダムスキーが土星の母船に乗った際に船内にいた六人の男性の一人の言葉を借りれば、「あなたがたがこんなふうに生きてたがいに分裂しているかぎり、あなたがたの悲しみはふえるばかりです。というのは兄弟の生命を奪う者は、他のだれかによって自分の生命が奪われるからです。これが、昔ナザレのイエスによって述べられた言葉の意味です。彼が言った次の言葉を思い出してごらんなさい。『あなたの剣をもとの所に収めなさい。剣を取る者はみな剣で滅びるだろう』。この言葉が真実であることは地球の人類の歴史を通じて証明されています[61]」

これまでのところ、私たちが行った選択は、存在のために依存している環境にさえ荒廃をもたらしてきました。ブルガリア初の商業テレビ局ＢＴＶでのインタビューで、現在ミステリーサークル現象に関する国際調査プロジェクトを率いているラチェザール・フィリポフ博士は、金をもらってミステリーサークルをでっち上げ、「この情報が真剣に受けとめられないように」混乱を引き起こしている人々がいる、と二〇一二年に述べています。これが、化石燃料の利害関係者が地球に損害を与え続ける理由だ、と彼は率直に述べています。もし異星人が存在するという証拠があれば、私たちの科学技術の進歩に取って代わるものが存在することを意味するからです。「産業界は、地球上にあるものを消費してくれた方がよいと思っています。そうすれば、金儲けをする人々は、金を蓄え続けることができるからです。例えば、純粋エネルギー、宇宙エネルギーを利用するようになれば、ガスや石炭、その他のものについては忘れなければなりません。⑹……」

ブラジル人のコンタクティー、ディーノ・クラスペドンはこう言われました。最終的に、空飛ぶ円盤のテクノロジーは、「人間の完全な自由と、人間を束縛する『愛国的な』鎖からの解放へと、そして自分の人生を方向づける権利の回復へとつながる可能性があります。誤った社会秩序は、人間からそうした権利を奪い取り、様々な『主義《イズム》』によって人間を犯罪的で兄弟らしくない利害の衝突へと導いてきました。地球の原油埋蔵量はだんだん少なくなり、核分裂性物質にはいつか終わりが来るでしょう。森林伐採とともに、川や滝は干上がりますが、大気圧は常にそこにあるでしょう(63)」

いのちの本質と目的についてあまりにも混乱しているため、太陽系内の他の惑星の人類との接触を失い、彼らの実在性《リアリティー》を見失い、それによって宇宙の中で自らを孤立させてしまったとしても、全く驚くにはあたりません。一九五三年二月に金星人の覚者《マスター》はアダムスキーにこう言いました。「私たちに大いに役立ったこの［引力を無効にする］知識を喜んであなたがたに伝えることもできます。しかし地球人は私たちが他の惑星でもっているような万人の幸福を求めてたがいに平和と兄弟愛でもって生きることを学んでいません」

金星人の覚者《マスター》は次のように続けました。しかし、現状では、「もし私たちがこの力を（推進力を）あなたやその他の地球人に洩らして、それが一般の知識になったならば、地球人のなかには宇宙旅行用の船をすぐに建造し、鉄砲を積み込んで、征服の意図をもって撃ちまくり、他の世界を占有する者もあるでしょう」。したがって、「地球人は現在の地球で見られるような利己的な個人生活よりも、他の世界の人々が送っている全包容的生活を取り入れることを学ぶまでは、大勢で来たり滞在したりすることは許されないでしょう[64]」

個人性を重んじるあまり、私たちは画一性を恐れ、和合を拒絶します。アメリカの現在の政治情勢においては、共通の利益を個人の自由の前に置くことを示唆しただけで、多くの人によってナチズムの脅威と見なされます。しかし、和合の追求は人間に固有のものです。和合は――自分の家族やスポーツクラブ、教会、政党、国家などに――所属する必要性から始まります。しかし、扇動政治家や権力に飢えた人、あるいは、彼らを恐れる人々が忘れることは、この自然な追求が成功するのは、それが個人の違いの尊重に基づいている場合だけだということです。なぜなら、画一性は自然の秩序に反するからです。したがって、多様性の中の和合こそが目標になるべきです。多様性の中の和合においては、数の力は、全体に対する個人の才能の寄与によって調和がとれ、補強されます。アダムスキーの火星人のコンタクト相手、ファーコンが述べたように、「あなたがたのなかで気づかれないように生活してきた他の世界の私たちは、人間の神性がどんなに忘れられているかという現状をはっきりと見定めることができます。地球人はもう原初のときのような表現をした人間ではなく、それぞれ分離した生きものになっています。現在彼らは習慣の奴隷にすぎません。だがこうした習慣の中にも神性による表現に憧《あこが》れようとする本来の魂が閉じ込められています。この隠れた衝動は、習慣というメカニズムによって常習的行為や考えにつながれた人間をかならず根底から揺り動かします。だからこそ、人間自身が気づいている以上にしばしば、人間の実体の奥底で生きているあるものが、より以上に美しく偉大な表現を求めながら、習慣で縛られている自分を不安な落ち着かない状態にしているのです。（……）人間が自分の個人的うぬぼれというカセから脱するまでは（……）自分の存在の法則に反する戦士として生きつづけるだけでしょう[65]」

ベンジャミン・クレームの師が次のように書いているのも、理由がないわけではありません。「われわれが現代世界と呼ぶところの荒涼たる砂漠は、人間を人間らしくするもの、すなわち幸せや、創造的な充足感、お互いの必要に速やかに反応する特質、自由というものを人間から奪う。破壊的な競争は人間の精神を腐食させ、そして今や、人生の〝戦い〟の審判の座にある。人生、すなわち『偉大なる冒険』は腐敗し、単なる生存のための苦しい不公平な苦闘に置き換えられた[66]」

金星人の覚者《マスター》はそれを次のように説明しました。「宇宙の法則に対する理解力は向上もするし停滞することもあります。現在の私たちもそうですが、地球でもそうでしょう。知識によって向上しながら、この同じ原理によって地球人は同胞に暴力で対抗することはできなくなるでしょう。あらゆる人間の中にひそむ信念や天性が――それが自分を支配し、自分自身の運命を形成するという聖なる特権を人間がもっていると本人に感じさせるのですが――たとえ試行錯誤の道であるにしても、あらゆる集団、国家、民族に等しくあてはまるのです[67]」。覚者《マスター》はこう付け加えています。真の進歩とは「幸福なのであって、その始まりから上方への道にずっと敷かれているからです。そして、他人の努力が自分の努力とは異なる性質のものであるにしても、その他人の努力にたいして、幸福は人々を寛容の心をもつ兄弟にするのです[68]」

　宇宙での私たちの孤立は、自らに課したものであるため、永久に続く必要はありません。しかし、それを終わらせるかどうかは、正気を取り戻し、いのちの（霊的な）事実と再びつながる私たちの能力にかかっています――その能力は、人類の最低必要人数《クリティカルマス》の中に意識の拡大をもたらします。世界教師マイトレーヤは、「分離という罪悪は、この地上から追放されねばならない[69]」と述べたとき、私たちが自ら課した宇宙的な限定を終わらせるにあたっての鍵となることを明らかにしています。私たちの一体性は神聖な特質であり、それを表現する必要があることを、マイトレーヤは次のように強調しています。「人は、生まれつつある神である。したがってこの神が栄えることができるような生活形態を創らねばならない。現在のような生き方に、あなたがたはいかで満足していられようか。何百万の人間が貧困の中に飢え死にしているかたわら、金持は富を貧乏人の前でみせびらかす。人はお互いの隣人の敵であり、誰も兄弟を信用しない。あなたがたはいつまでそのようにして生きねばならないのか、我が友よ、いつまでそのような堕落を支持するのか[70]」

　地球上での地球外生命の存在の場合と同様に、私たちの社会の運営の仕方のせいで創り出された危機の真相を否定する余地はあまりありません。穴を修復するにしても、また、機能不全に陥ってほとんど崩壊した構造の金融・経済面のうわべを取り繕うにしても、万事休してしまいました。そうした構造は、互いにつながり合っているということを人類が長らく拒否し続けたことによって受け継がれてきたものです。本章が明らかにしているように、宇宙からの訪問者たちは一九五〇年代以降ずっと、何度も何度も、私たちをまどろみから目覚めさせようと努力してきました。今日の世界や、人類、そして地球の状態を見れば、私たちは、自ら設定した最後の目覚ましの呼びかけを受けるにふさわしい立場にいるように思えます。

＃世界教師？ いいえ、もう一つの宗教ではありませんよ！（66頁）

生命の一つの機能として、そして自然界の一つの事実として、意識の進化というアイディアが現代において初めて注目されるようになったのは、H・P・ブラヴァツキーが『ベールをとったイシス（*Isis Unveiled*）』（一八七七年）と『シークレット・ドクトリン（*The Secret Doctrine*）』（一八八八年）という作品を発表したことによります。彼女は人類に、人間王国から進化した霊的王国という概念を改めて知らせました。これは、知恵の覚者方とイニシエートたちから構成されており、「大白色同胞団《グレート・ホワイト・ロッジ》」、あるいはキリスト教の用語では「神の王国」としても知られています。

ブラヴァツキーの仕事が準備段階を代表しているこうした「不朽の知恵」の教えによると、すべての宇宙的な時代の始まりにはこの霊的ハイアラキー（ハイラーキー）がその真っただ中から一人の教師を世界へと送り込みます。これは、私たちの物質的存在の背後にある霊的実在《リアリティー》に関る新しい真理により、その時代の人類を鼓舞するためです。人類は個人性と知的発達を欠いていたため、彼らの教えは、信奉者たちによって必然的に宗教へと編成されてきました。

ジョージ・アダムスキーは、この教師たちの「周期的な顕現の法則」に十分気づいており、「知恵を持つ大師たちから何世紀にもわたって伝えられてきた普遍的な諸法則」[a]について語りました。彼は実際、知恵の覚者方と一緒にチベットで学んだ数名の弟子たちの一人でした。その学びで得られた洞察力は、彼が一九三六年に出版した最初の本『極東の覚者方の知恵（*Wisdom of the Masters of the Far East*）』（訳注＝翻訳書は『宇宙宝典 ロイヤルオーダー』というタイトルで一九八四年に出版）の基礎を形成しました。覚者方と一緒に学んだほかの教師たちの中には、ブラヴァツキーに加えて、ロルフ・アレキサンダー医学博士、マードウ・マクドナルド・ベイン博士、ベアード・スポールディングが含まれます[b]。

新しい教師によるこの繰り返される啓示は「来たるべき方の教理」として知られており、教師の再来への期待としてほとんどすべての宗教においてはっきりと示されています。キリスト教徒は再臨を待望し、ユダヤ教徒はいまだにメシアを期待し、仏教徒は第五仏陀を待ち望み、ヒンズー教徒はヴィシュヌの十番目の化身、つまりカルキ・アバターを、イスラム教徒の一部は十二番目のマフディー、つまりイマーム・マフディーを待ち望んでいます。

初期コンタクティーのうちの数人は、大規模な主観的体験という神秘的な観点から再臨について語りましたが、その一方でイタリアのコンタクティー、ジョルジョ・ディビトントは一九八〇年にこう告げられました。「地球でかつて起こったどんな単独の出来事も、今あなたがたの前方にあるものとは比較になりません。（……）あなたがたは、私たちすべてが大いに愛し尊敬する新しいモーゼによって導かれるでしょう。彼は良き兄あるいは父のように、この新しい出エジプトにおいてすべての人を導くでしょう」[c]。まさしく、チベット人のジュワル・クール覚者は一九四八年にこう発表しました。二十世紀の世界大戦中の人類の苦しみの結果として、キリストは「できるだけ早く再臨する、つまり地上での目に見える存在に戻る」ことを決められた、と[d]。

その教えによると、世界教師は、追従者がどの名前でその人物を認知しようとも、仏陀がゴータマ王子を通して働き、キリストがパレスチナでイエスを通して働いたように、通常は弟子の意識をオーバーシャドウすることによって顕現します。ジョージ・アダムスキーはこの違いについて知っていたようであり、一九六二年にこう書きました。「……イエスは一人間なのであって、〝キリスト〟とは意識的意識または宇宙の意識であるからです。一個人としてイエスは自己の肉体を通じてこの［キリストの］意識を表現するように自身を訓練した人なのである」[e]。不朽の知恵の教えを学ぶ人々は、のちに教育者、哲学者となるジッドゥ・クリシュナムルティが一九二九年まで、世界教師が新しい時代《ニューエイジ》に顕現することのできる器として準備されていた、ということをよく認識しています。

イギリスの作家、秘教徒であるベンジャミン・クレームはコンタクティーとして、一九五〇年代にスペースブラザーズの霊的使命に関する講話を行いました。そして一九七四年から、今回は世界教師自身がやって来ることを世界に知らせるという使命を開始しました。

クレームによると、マイトレーヤは一九七七年七月、現代世界における拠点地であるロンドンに到着し、それ以降、可能な限り最も早い時期における公の顕現のために人類と世界を備えさせてきました。ちなみに、マイトレーヤという名は世界教師の個人名である、と彼は述べています。世界教師は宗教指導者として来るのでも、「救われる」べき追従者をつくるために来るのでもなく、人類に自己実現の術《すべ》を教え（180～181頁参照）、新しい摂理の礎として正しい人間関係を確立するためにやって来る、とクレームは常に主張してきました。クレームの最新の情報［二〇一五年七月時点］によると、長く待たれてきた「大宣言の日」は一年半以内に起こり得るが、現在の経済・金融システムが崩壊した時に最も起こりそうであるとのことです。[f]（注は117頁）

第二章　補遺
新世界秩序は私たちが創るもの

ステファン・デナエルドは事業経営者としての背景を持っていたため、自分をもてなしてくれた人々の惑星の社会が運営される際の効率の良さに、大いに感心はしたものの、最初は身がすくみました。「これは全世界的に統治された惑星に違いありませんが、一見したところ非常に厳しく統治されており、すべてのものが効率化され、標準化されていました。何と恐ろしい考えでしょうか！」[71]。同様に、現在の問題に対する地球規模の解決策に多くの人が反対する原因となっているのは、画一性あるいは単調性への恐怖であることが多く、エリート層が人類に押し付けようとしていると彼らが申し立てる新世界秩序の恐ろしい脅威が指摘されています。

市民の自由の急速な浸食は、実際のところ、規制緩和、企業と市場のための自由の拡大といった、「小さな政府」に対する新自由主義の要求に応えて導入され始めた経済政策の結末です。こうしたことを考えれば、国家支配、恐怖、抑圧を特徴とするジョージ・オーウェル風の社会を指す名称としての「新世界秩序」という用語がいかに完全な誤称であるかを、私は前著で示してきました。[72] 今では決定的に明らかなはずですが、もし企業と裕福な人々への制約が取り除かれれば、彼らは世論だけでなく、選挙や民主的プロセスそのもの、そして司法にも影響を及ぼすことによって、社会の他の部分を犠牲にして自らの利益を確保するためにその拡大した自由を利用するでしょう。

驚くほどのことではありませんが、この用語の起源をたどれば、恐怖を煽《あお》る人々が現在まことしやかに主張していることとは正反対のことを意味するために、最初は使われたということが分かります。第一次世界大戦後、アメリカのウッドロー・ウィルソン大統領は、旧来の権力政治を超える「新世界秩序」にとって決定的に重要だとして、国際連盟への加盟を強く訴え、集団的安全保障、民主主義、民族自決を強調しました。アメリカ上院が加盟を拒否すると、国際連盟はすぐにその目的に適わなくなり、「新世界秩序」という用語は使われなくなりました。

一九四〇年四月、第二次世界大戦が始まってほどなく、チベット人の覚者ジュワル・クール（DK）はアリス・ベイリーを通してこう書きました。「この二つの勢力――物質主義と霊性――が対峙している。どのような結果になるのであろうか。人々は悪を阻止し、理解、協力、正しい関係の時代の幕を開けるであろうか。それとも、利己的な計画、経済競争や軍事競争をこれからも続けるのであろうか。この問いに答えを出すために、大衆は明晰に思考し、民主主義諸国は穏やかに恐れず挑戦していかなければならない」

「新しい世界秩序の必要性があらゆる方面で認識されている。全体主義諸国では『欧州新秩序』について話し合われている。理想主義者や思想家たちは開発構想や計画を発表し、その中で、古くて廃れた秩序を終焉させる全く新しい状況を展望している(73)」

ＤＫ覚者は、霊性と物質主義という概念について次のように説明しています。「理解、優しさ、美を生み出すもの、神聖な潜在力をより完全に表現するよう人を導くことが可能なもの、これらにつながるものはすべて霊的である。人を物質主義の深みに追いやり、生きる上での高い価値観を排除し、利己主義を是認し、正しい人間関係の確立を阻害し、分離、恐怖、復讐といった精神を助長するものはすべて悪である(74)」

カナダ人の研究家ウィルバート・スミスはその後、同じ洞察に到達していました。「人間の思考に影響を与えようとする際に関係する二つの大きな力のことを次のように描写することができるでしょう。一つは**肯定的なもの**、つまり神の愛という概念や人間の兄弟同胞愛と調和した思考のことです。もう一つは**否定的なもの**、つまり権力のために人間を支配することを目的とした、反キリストの動機を含む思考です。人間の心《マインド》をめぐるこの戦いは、物質界と形而上界という二つの戦線で行われています。この闘争の目的は、霊的な救済をもたらすことか、あるいはホモ・サピエンス（人類）の破滅をもたらすことです(75)」

こうした区別に基づいて、ＤＫ覚者は次のように述べています。「惑星の霊的ハイラーキーは「全体主義の」枢軸国に強力に対抗しているが、それは霊的な考え方をする世界の諸国民から協力が得られる範囲内でのことである。というのも、人間の自由意志を抑圧することはできないからである」[76]。したがって、例えばウィンストン・チャーチルが「新世界秩序」について語ったとき、彼は全体主義的な世界統治機構のことを言っていたのではないということは、陰謀論者にとっても明らかなはずです。

同じ年、一九四〇年に、H・G・ウェルズは『新世界秩序』という本を出版し、その中で社会を運営する異なった方法の必要性について論じました。彼は同書でこう述べました。「人類は崩壊するか、それとも、私たちの種族は、私がこの本で順に並べた厳しいけれどもかなり明白な経路によって、社会運営の新しいレベルに達するためにはい上がっていくか、そのどちらかです。もしそこに到達するならば、その高台において子供たちを待っている豊穣さ、興奮、生活の活気について疑問の余地はほとんどありません。もし到達しなければ、子供たちが堕落し悲惨な境遇に陥ることは疑いありません[77]」

ジョージ・オーウェルの操作的な架空言語「ニュースピーク」において、既存の秩序の成就こそが、世界が長年にわたって切実に必要としてきたもの、つまり「新秩序」なのだと決めつけているのは、明らかに残念なケースです。

もちろん、このように述べたとしても、この惑星上の生命に対する、自分たちが理解している統制《コントロール》を永続させ完成させるために富や権力、影響力を確保し増大させることを主な目的とした、グローバルエリート層がいないと言っているわけではありません。また、ほんの少しの証拠もないにもかかわらず、多くの人は、このエリート層の背後に何らかの形の「エイリアンの計略」があるのではないかと疑っています。もしそうだとしたら、「エイリアン」とはおそらく、「地球外生命」という意味ではなく、人間の心《ハート》にとって異質であるという意味でしょう。ジョージ・アダムスキーは、そのような申し立てについては次のようにさっさと片付けてしまいました。「宇宙旅行ができるほどの進歩した科学知識があるというのですから、もし彼らが敵対的だとすれば、とっくの昔に地球を征服できたのではないでしょうか。しかし彼らはそんな動きを全く示していません[78]」。ダニエル・フライが言われたように、その代わりに、「私たちは、あなたがたの惑星の多くの国に数少ないろうそくを灯そうとする努力においてかなりの時間を費やし、忍耐を重ねてきました。こうしたろうそくの明かりが輝きを増し、あなたがたの世界の諸国民がやみくもに突き進んでいる奈落の底を照らし出してくれることを、私たちは願ってきました[79]」「私たちの知識や文化をあなたがたに押し付けようと試みることは決してないでしょう。また、その人がそれを望んでいるという実質的な証拠がない限り、決してあなたがたの民衆のところにはやって来ないでしょう[80]」

更なる確証が、アダムスキーの金星人のコンタクト相手、オーソンから得られました。「生まれたときから全体というビジョンを吹き込まれている私たちすべてにとって、私たちが知っている宇宙の諸法則にそむくことは考えられないことなのです。この諸法則は人間によって作られたものではありません。それは初めからあったもので、しかも永遠に存続するでしょう。この法則のもとに各個人、民族、各惑星のあらゆる知的生命体は、他から干渉されることなしに自身の運命をきめなければなりません。相談するのはよいでしょう。教育もよいでしょう。しかし破壊に至るほどの干渉は絶対にいけないのです[81]」

アダムスキー自身もほかのところでこう付け加えました。「このスペースピープルは私たちよりもはるかに進歩しており、地球人が今こうむっている体験類を通過し、征服することによって、その段階に到達しているのだということを思い出して下さい。彼らは地球人が直面している苦闘を理解しており、そのために地球人にたいして深い同情を感じているのです。何度も言いましたように、彼らはただ地球人を助けたいだけだと繰り返し私に語ってきました。――ただし私たちが耳を傾けて彼らの援助を受け入れるならば、です。彼らは私たちを傷つけたり、だましたりしたいという願望は一切抱いておりません。そのようにすれば当然ながら不信が芽生え、私たちの中での長年にわたる、何世紀にさえもわたる労苦を台無しにしてしまうでしょう[82]」

一九七七年にベンジャミン・クレームはこう述べました。宇宙からのコンタクトは法によって治められており、あまり善意を持たない他の惑星の人々が過去において確かに地球に来たこともあったが、これは止められた、と[83]。これはウィルバート・スミスによって裏付けられています。彼は自分自身のコンタクトに基づいてこう述べています。「地球人の霊的福祉と進化的前進を安泰なものにすることを特別な使命とした多数のスペースブラザーズが団結し、地球の用語で『宇宙警察』と呼べるようなものを形成しました。どんな警察でも、その真の役割は純粋に防衛的なものである、と彼らは付け加えました。それは、社会全体の安全と幸福、および、この目標を守るための法と秩序の維持を確かにすることを意図した防護手段です（……）」

「この役割は主に二つあります。（1）否定的もしくは否定的になる寸前の地球人に対してより強い悪の影響力を及ぼそうと試みる宇宙からの否定的勢力を食い止めること、さらに、(2)私たちの世界を訪れることを許されたすべての宇宙存在が、地球の住民に対する不干渉と非敵対性を定めている宇宙の法則を厳守することを確実にすることです[84]」

声を上げる責任を引き受けつつも、自分たちの惑星で起こるのを許してきたことに関して何らかの外部勢力を非難する必要のない人々の中に、フランシスコ法王がおります。最近ボリビアを訪れた際、彼は抑制のきかない資本主義を「悪魔の糞《ふん》」だとして非難し、こう述べました。「どのような現実の、つまり既成の権力も、諸国民から完全な主権の行使を奪う権利を持っておりません。彼らがそうするときはいつでも、平和と正義の実現可能性を深刻に損なう新しい形の植民地主義が頭をもたげます。この新しい植民地主義は様々な顔を持ちます。時には、それは名前を伏せたマモン(富の悪霊)の影響力として現れます。つまり、企業や貸付機関、特定の『自由貿易』協定、労働者と貧困者にいつも倹約を強いる『緊縮』財政政策の押し付けとして現れるのです[85]」

多くの人にとって、これは社会主義への呼びかけのように聞こえるかもしれません。しかし、覚えておく必要のあることは、たとえそれが個人の自由の欠如により完璧ではなかった(完璧さからは程遠かった)社会主義社会の実験を思い起こさせるにしても、それ自体は良くも悪くもない単なる用語にすぎないということです。ステファン・デナエルドのコンタクトの相手が彼に語ったように、「共産主義者の理想が非効率性の中で失われたことは残念でした。そうでなければ、それは大いに役立ったはずでした。それは国家統制経済が共有権と混同されたケースでした[86]」

しかし、適切なチェックとバランスを欠いていたため、広くもてはやされた資本主義システムもまた、いわゆる「富裕」国の個人の自由という観点からも、ひどく困っている圧倒的多数の人々を見捨てようとしているということ、さらに、人間の才能を軽んじて無駄にし、天然資源を情け容赦なく搾取してきたため、私たちの生存にとって恐ろしい脅威となっているということを、ここで思い起こすとよいでしょう。はたして、デナエルド氏のコンタクトの相手も、資本主義システムについては同じように否定的でした。[87]実際に、彼らはこう言いました。「私たちの宇宙的な普遍的経済システムは、共産主義と西洋の資本主義経済の両方と比較することができます。私たちの宇宙的な経済はどちらとも比較することができない、と言うこともできます。（……）このシステムを通してのみ、種族は社会的に安定した文化レベルを達成することができます。さらに、そこから不死性へと向かって上昇を続けることができます。それは自然の法則に基づいた宇宙的な状態です[88]」したがって、普遍的な正義が悪いとか、悪い概念だとか思わない限り、それは明らかに、非民主的でも、非キリスト教的でも、非仏教的でも、非社会主義的でも、あるいは非自由主義的でさえもありません。

宇宙からの訪問者たちは、地球上のどのような特定の社会形態も、ほかのものより良いとして支持することはない、とジョージ・アダムスキーは述べました。「このような支持は地球の分割の習慣に従ったものです。彼らはいかなる種類の誤った分割をも認めません。彼らは、生命は永遠であり、あらゆる人は一定の運命を遂行するために生まれていることを理解しています。各人は人生の行路を旅しながら自分のレッスンを学ばねばなりません。（……）したがって万人は等しく尊敬されるのです。だから彼らは地球の特殊な形態の社会をより好みもしなければ非難もしません[89]」

一九五〇年七月にコンタクトを受けている間、ダニエル・フライはよく似たことを言われました。「あなたがたの国々の間に存在する政治的緊張は緩和されなければなりません。地球の二つの優勢な国家のうちのどちらかが科学の面で決定的に優位な立場になれば、現状においては、確実に絶滅戦争が起こるでしょう。私たちがここに来ているのは、いずれかの国家が戦争をするのを支援するためではなく、地球上の戦争の原因を排除するほどの進歩段階に達するよう刺激を与えるためです。私たちも数千年前、自分たちの民衆の間での紛争の原因を排除しました[90]」

冷戦の最中でさえ、ジョージ・アダムスキーは、宇宙から来たコンタクト相手が抱いていた公正な社会についての見方が「社会主義」と呼ばれても動じることなく、こう述べました。「私は社会主義という言葉が何を表わそうとしているかわかりません。社会的という言葉は皆と調和し、仲間を尊敬することを意味します。イエスは多くの才能から成り立っている平等さを教えられましたが、宇宙人は私たちが公言する『イズム』のかわりに、この宇宙の法則を生きているのです。彼らはそれに対して名称を持ってはいません[91]」

ベンジャミン・クレームによると、知恵の覚者方は、「健全な社会の結合と正義のための理想的な関係は、七十パーセントの社会主義と三十パーセントの資本主義であるという見解を持っています[92]。覚者方はきっと、（最近の）歴史の中で私たちが目撃してきた欠陥のあるシステムではなく、すべての主要な宗教や思想学派の根本に見いだされるような当初の概念のことを言っておられるのでしょう。さらには、チベット人のＤＫ覚者によると、今日、「真の民主主義と言えるものは知られておらず、民主主義国の大衆は、啓発されているにせよ啓発されていないにせよ、独裁体制下にある民衆と同じくらい政治家や金融勢力の意のままになっている」[93]といいます。

より公正な社会という目標に関して、金星人の覚者《マスター》はこう述べて、私たちを安心させました。「万事に段階があるように完成にも段階があるのです。私たちの世界ではみな幸福ですが、停滞する者はいません。丘の頂上に登ると下から見るときとちがってさらに別な丘が見えてくるのと同様に、常に進歩というものがあるのです。次の高さにまで登る前に、あいだにある谷を横切らねばなりません」[94]

要するに、私たちが——エルダーブラザーズ（兄たち）、つまり覚者方によって啓発され導かれながら——惑星上で、そして人生の中で起こることに責任を持ちたいと思うなら、どのような新世界秩序であれ、それは私たちが創るものになるだろうということです。しかも、スペースブラザーズ（宇宙の兄弟たち）は、私たちが彼らにそうしてほしいと思う限り、助けを当てにしてもいいと私たちに知らせてくれています。

注

（1）デナエルド『地球存続作戦』原書一六頁

（2）同書 一五頁

（3）クレーム「読者質問欄」シェア・インターナショナル誌二〇一一年十月号、四一頁

（4）ニック・マーゲリソンによるエドガー・ミッチェル博士へのインタビュー、「前夜」、ケラング・ラジオ、イギリス、二〇〇八年七月二十三日、www.youtube.com/watch?v=RhNdxdveK7c で視聴可能
（5）バリオス『アミ 小さな宇宙人』三八〜三九頁
（6）同書 五二頁
（7）同書 三九頁
（8）アダムスキー『UFO問答100』問40 六六〜六七頁
（9）ステファノ・ブレッチャ『数多くのコンタクト』原書一七二頁
（10）同書 一九二頁
（11）マイトレーヤ、ベンジャミン・クレーム伝／石川道子訳『いのちの水を運ぶ者』シェア・ジャパン出版、一九九九年、四九頁、メッセージ第十一信（一九七八年一月五日）
（12）アダムスキー『UFO問答100』問99 一五八頁
（13）バリオス『アミ小さな宇宙人』二二一頁
（14）デナエルド『地球存続作戦』原書一三八頁
（15）バリオス『アミ 小さな宇宙人』四〇頁（訳注＝邦訳には該当箇所が見つからない英文も訳出・追加した）
（16）アダムスキー『第2惑星からの地球訪問者』二三五頁
（17）ダニエル・フライ『アランによる地球人への報告（*A Report by Alan to Man of Earth*）』一九五四年、フライ『ホワイトサンズ事件（*The White Sands Incident*）』一九六六年に転載（原書八八頁）
（18）同書 八〇頁

（19）オルフェオ・アンゲルッチ『円盤の秘密（*The Secret of the Saucers*）』一九五五年、原書三三頁
（20）オックスファム「二〇一六年までに最も裕福な一パーセントが残りの九十九パーセントよりも多くの資産を所有する」二〇一五年、www.oxfam.org/en/pressroom/pressreleases/2015-01-19/richest-1-will-own-more-all-rest-2016 で閲覧可能［二〇一五年四月十四日にアクセス］
（21）ベンジャミン・クレーム監修／石川道子編・訳『いのちの法則』シェア・ジャパン出版、二〇〇五年、一八三頁
（22）世界経済フォーラム「グローバル・アジェンダ概要二〇一四」第二章「拡大する所得格差」一二a頁、www3.weforum.org/docs/WEF_GAC_GlobalAgendaOutlook_2014.pdf で閲覧可能［二〇一五年四月十四日にアクセス］
（23）ホワイトハウス報道官オフィス「オバマ大統領一般教書演説」［オンライン］二〇一四年一月二十八日、www.whitehouse.gov/the-press-office/2014/01/28/presidentbarack-obamas-state-union-address で閲覧可能［二〇一五年四月十四日にアクセス］
（24）アダムスキー『第２惑星からの地球訪問者』三三一頁
（25）アダムスキー『金星・土星探訪記』二四七頁
（26）アダムスキー『ＵＦＯ問答100』問40 六五頁
（27）マリアンヌ・セゲディ＝マツァク「七十一年前、ルーズベルトは今日でもなお反響している真理の爆弾を落とした」マザー・ジョーンズ［オンライン］二〇一五年四月十二日、www.motherjones.com/kevin-drum/2015/04/fdrroosevelt-economic-rights-national-security で閲覧可能［二〇一五年四月十三日にアクセス］

（28）「世界人権宣言」www.un.org/en/documents/udhr/ で閲覧可能
（29）ジョセフ・カリファノ「『偉大な社会』に関して本当に偉大であったこと——保守派の神話の背後にある真理」ワシントン・マンスリー［オンライン］一九九九年十月、www.washingtonmonthly.com/features/1999/9910.califano.html で閲覧可能［二〇一五年四月十六日にアクセス］
（30）ステファン・デナエルド『イアルガ星からのコンタクト（*Contact from Planet Iarga*）』一九八二年、原書九一頁。この引用に相当する当初の英語版の文章は、次のように『地球存続作戦』の原書三九頁に見られる。「文化とは、最も不幸な人を社会がどのくらい気遣っているかを測る尺度です。病人、病弱な者、高齢者、あるいは貧しい人々の面倒をどのくらい見るかを測る尺度です。つまり、集合的な利他性を測る尺度なのです」
（31）アダムスキー『第2惑星からの地球訪問者』二六二〜二六三頁
（32）ジェイムズ・ミーク「世紀の売買——民営化という詐欺」ガーディアン［オンライン］二〇一四年八月二十二日、www.theguardian.com/politics/2014/aug/22/sale-of-century-privatisation-scam で閲覧可能［二〇一四年八月二十三日にアクセス］
（33）デナエルド『地球存続作戦』原書五〇頁
（34）マイトレーヤ「マイトレーヤは商業主義に警告を発する」シェア・インターナショナル誌一九八九年四月号、五頁（クレーム監修『いのちの法則』一七二〜一七三頁に収録、一部改訳）
（35）ネルソン『火星、月、金星への旅行』原書一六頁
（36）トルーマン・ベサラム『空飛ぶ円盤に乗って（*Aboard a Flying Saucer*）』一九五四年、原書一四七頁
（37）デービッド・クレーリー／リサ・レフ「アメリカで家のない子供の数がかつてなく急増する」ハフィ

ントン・ポスト［オンライン］二〇一四年十一月十七日、www.huffingtonpost.com/2014/11/17/child-homelessless-us_n_6169994.html で閲覧可能［二〇一五年八月三日にアクセス］

（38）エリザ・バークレー「ホームレスに食べ物を手渡すことを違法にする都市が増えている」ナショナル・パブリック・ラジオ「ザ・ソールト」二〇一四年十月二十二日［オンライン］www.npr.org/sections/thesalt/2014/10/22/357846415/more-citiesare-making-it-illegal-to-hand-out-food-to-the-homeless で閲覧可能［二〇一五年七月八日にアクセス］

（39）クリストファー・ドナート「ホームレスに食べ物を与えた罪で告発された九十歳の男性が決してあきらめないと語る」ＡＢＣニュース、二〇一四年十一月六日［オンライン］abcnews.go.com/US/90-year-florida-man-chargedfeeding-homeless-wont/story?id=26733223 で閲覧可能［二〇一五年七月八日にアクセス］

（40）アダムスキー『ＵＦＯ問答100』問94、一五二頁

（41）「スペインの若者の失業率」『トレーディング・エコノミクス』二〇一四年四月十四日、www.tradingeconomics.com/spain/youthunemployment-rate で閲覧可能

（42）ジャイルズ・トレムレット「ポデモス革命――急進的な学者の小さなグループがいかにしてヨーロッパの政治を変えたか」ガーディアン［オンライン］二〇一五年三月三十一日、www.theguardian.com/world/2015/mar/31/podemos-revolution-radical-academics-changed-european-politics で閲覧可能［二〇一五年四月一日にアクセス］

（43）オーウェン・ジョーンズ「イギリスでは、金持ちにとっては社会主義、残りの我々にとっては資本主義だ」ガーディアン［オンライン］二〇一四年八月二十九日、www.theguardian.com/books/2014/

aug/29/socialism-for-the-rich で閲覧可能［二〇一五年四月十七日にアクセス］

（44）アメリア・ジェントルマン「『誰も一文なしで孤独に死ぬべきではない』——イギリスの過酷な福祉制裁の犠牲者」ガーディアン［オンライン］二〇一四年八月三日、www.theguardian.com/society/2014/aug/03/victims-britains-harsh-welfare-sanctions で閲覧可能［二〇一五年八月四日にアクセス］

（45）シオバーン・フェントン「福祉削減——統計監視機関が政府に対して給付金制裁に関する明確な情報を公開するよう要請」インデペンデント［オンライン］二〇一四年八月八日、www.independent.co.uk/news/uk/politics/welfare-cuts-statistics-watchdog-urges-governmento-release-clear-information-on-benefits-sanctions-10446515.html で閲覧可能［二〇一五年八月九日にアクセス］

（46）ジョーンズ 43と同じ記事

（47）デナエルド『地球存続作戦』原書四二頁

（48）同書 一六頁

（49）同書 六〇頁

（50）バリオス『アミ 小さな宇宙人』七七頁

（51）同書 一九六頁

（52）同書 一七〇～一七一頁

（53）アルフィ・コーン「子供たちを気遣うこと——学校の役割」「ファイ・デルタ・カッパン（*Phi Delta Kappan*）」一九九一年三月、原書四九七頁

（54）ジョージ・アダムスキー／竹島正訳『進化した宇宙人と他の惑星に関する質疑応答集』ＵＦＯ教育センター、一九七六年、一二頁（一部改訳）

(55) ベンジャミン・クレーム／石川道子訳『協力の術《すべ》』シェア・ジャパン出版、二〇〇二年、六三～六五頁
(56) デナエルド『地球存続作戦』原書四七頁
(57) ウィルバート・スミス『ボーイズ・フロム・トップサイド』一九六九年、原書三〇頁
(58) クレーム「読者質問欄」シェア・インターナショナル誌二〇〇三年五月号、四七頁。公式の推定数は八百万人から三千万人までまちまちであった。ヨリス・フェルフルスト「二〇〇三年二月十五日、世界は戦争に対してノーと言う」二〇一〇年、ステファン・ウォルグレーブ／ディーター・ルフト編『世界は戦争に対してノーと言う――イラク戦争に反対するデモ行進』所収、原書一頁
(59) ベンジャミン・クレームの師「〝野蛮な時代〟の終わり」一九九九年、ベンジャミン・クレーム／石川道子訳『覚者は語る』所収、シェア・ジャパン出版、二〇〇四年、四九二～四九三頁
(60) アダムスキー『第2惑星からの地球訪問者』三〇三頁
(61) 同書二三七～二三八頁
(62) ブルガリアBTV局でのラチェザール・フィリポフ博士へのインタビュー、二〇一二年十月、www.youtube.com/watch?v=23WRbbWFBQIで閲覧可能［二〇一五年三月二日にアクセス］
(63) ディーノ・クラスペドン『空飛ぶ円盤とのコンタクト（*My Contact With Flying Saucers*）』一九五九年、原書八八頁
(64) アダムスキー『第2惑星からの地球訪問者』一九一～一九二頁（一部改訳）
(65) 同書二二六～二二七頁（一部改訳）
(66) クレームの師「〝野蛮な時代〟の終わり」、『覚者は語る』四九三頁

(67) アダムスキー『第2惑星からの地球訪問者』一九五頁
(68) 同書 一九六頁
(69) マイトレーヤ、クレーム伝『いのちの水を運ぶ者』二七〇頁、メッセージ第九十三信（一九八〇年一月二十二日）
(70) 同書 二三三頁、メッセージ第八十一信（一九七九年九月十二日）

新世界秩序は私たちが創るもの

(71) デナエルド『地球存続作戦』原書三八頁
(72) アートセン『スペース・ブラザーズ』四四頁以下参照
(73) アリス・ベイリー『ハイラーキーの出現（上）』AABライブラリー、二〇〇六年、二四〇〜二四一頁
(74) 同書 二四五〜二四六頁
(75) スミス『ボーイズ・フロム・トップサイド』原書三〇頁
(76) ベイリー『ハイラーキーの出現（上）』二四六頁
(77) H・G・ウェルズ『新世界秩序（*The New World Order*）』一九四〇年、アデレード大学図書館ウェブ版、ebooks.adelaide.edu.au/w/wells/hg/new_world_order/index.html で閲覧可能
(78) アダムスキー『UFO問答100』問20、三四頁
(79) フライ『アランによる地球人への報告』、『ホワイトサンズ事件』原書六七頁
(80) フライ『ホワイトサンズ事件』原書四三頁
(81) アダムスキー『第2惑星からの地球訪問者』一九九〜二〇〇頁

（82）アダムスキー『UFO問答100』問89、一四五頁（訳注＝邦訳には該当箇所が見つからない英文も訳出・追加した）

（83）ベンジャミン・クレーム／石川道子訳『世界教師《マイトレーヤ》と覚者方《かくしゃがた》の降臨《こうりん》』シェア・ジャパン出版、二〇一四年、三一五頁

（84）スミス『ボーイズ・フロム・トップサイド』原書四五頁

（85）ロイター通信「『抑制のきかない資本主義は悪魔の糞だ』とフランシスコ法王が語る」ガーディアン［オンライン］二〇一五年七月十日、www.theguardian.com/world/2015/jul/10/poor-must-change-new-colonialism-of-economic-order-says-pope-francis で閲覧可能［二〇一五年七月十一日にアクセス］

（86）デナエルド『地球存続作戦』原書四三頁

（87）同書 一三四頁

（88）同書 三九頁

（89）アダムスキー『UFO問答100』問6、二一頁

（90）フライ『ホワイトサンズ事件』原書三〇頁

（91）アダムスキー『進化した宇宙人と他の惑星に関する質疑応答集』二〇頁

（92）クレーム「読者質問欄」シェア・インターナショナル誌二〇〇七年一月号、三一頁

（93）ベイリー『ハイラーキーの出現（上）』七九頁

（94）アダムスキー『第2惑星からの地球訪問者』一九五頁

世界教師（96〜99頁）

a．アダムスキー『ＵＦＯ問答100』問10 二五頁
b．ゲラード・アートセン「兄たちが帰還する――書籍で見る歴史（一八七五年から現在まで）」「様々な教え」を参照のこと、www.biblioteca-ga.info/50/18でオンライン公開
c．ディビトント『宇宙船の天使』原書三二～三三頁
d．アリス・ベイリー／石川道子訳『キリストの再臨』シェア・ジャパン出版、改訂版、一九九七年、一〇五頁（一部改訳）
e．ジョージ・アダムスキー／久保田八郎訳『金星・土星探訪記』中央アート出版社、一九九〇年、第二章「地球の過去と自然の法則」七九頁
f．クレーム編集「シェア・インターナショナル」誌、背景情報

「彼らの出現は兄弟愛という宇宙の法則に従っており、それによって彼らは必要な時に援助の手と助言とをさし出すのです」　ジョージ・アダムスキー、アメリカ

「宇宙の兄弟たちは、地球人が自らの無知によって引き起こした困難を克服するのを援助するためにここにいます」　ベンジャミン・クレーム、イギリス

「われわれの最大の幸福は、ひとに奉仕し、援助すること、そしてひとの役に立っていると感じられることによって得られるんだ」　エンリケ・バリオスのコンタクトの相手、チリ

「私たちの世界の政府は、（……）民衆に地球外生命についての否定的な見方を伝えることにあらゆる関心を抱いています。しかし、地球外生命は肯定的な意図を動機としているようです」　パオロ・ディ・ジローラモ、イタリア

「彼らは援助を提供しようと準備を整え、進んで提供しようとしています。事実、彼らはすでに、私たちの選択の自由に干渉しないという方針に沿いつつ大いに助けてくれました」　ウィルバート・スミス、カナダ

「彼らは、地球の大いなる繁栄という未来を予見しています——もしも、私たちの指導者が新た

な対立を回避し、彼らが私たちの中にいるのは私たちを援助するためだということを認めるならば」　アルベルト・ペレーゴ、イタリア

「何十年も前、他の惑星からの訪問者たちは、私たちがどこに向かおうとしているかについて警告し、援助すると申し出ました」　ポール・ヘリヤー、カナダ

「彼らは私たちに対して敵対的ではなく、むしろ、私たちを助けたがっています。しかし、私たちは彼らとの直接的なコンタクトをするほど十分に成長していません」　ラチェザール・フリポフ博士、ブルガリア

第三章　正しい人間関係——地球外生命が見せて説明する

「エイリアンの脅威」に関する根拠のない幾多の話と、同じくらい多いように思える、非現実的な「銀河の使者」からの希望的チャネリングを前にすると、スペースピープルがこの転換期に人類を助けるためにここにいることを裏付ける実際の個人的な遭遇に関する証言はたくさんあるという事実（前章の最後の頁を参照）を、いくら強調して繰り返し言っても言い過ぎるということはありません。

正確にどのように宇宙からの訪問者たちが私たちを助けているかに関しては、秘教徒のベンジャミン・クレームが最も詳細に述べてきました。「われわれがＵＦＯと呼ぶもの（高位の惑星からの宇宙人の乗り物）は、キリスト・マイトレーヤのために霊的な場をつくり、この時のために人類に準備をさせるために、非常に確実な役割を持っているのです。事実、大戦以来、この惑星を保存するのに主要な役割を果たしてきました」[1]。この後者の事実は、イタリア領事であったアルベルト・ペレーゴによっても確認されました。「今まで核戦争を阻止してくれたことについて彼らに感謝しなければなりません」[2]と彼は述べました。

さらに、ベンジャミン・クレームはこう続けています。「宇宙人は、人類を変性させ、人類と密接につながった存在であるこの惑星を保存するために、大きな効果をもたらす強力な宇宙エネルギーを、われわれの世界に放出してくれています。彼らの仕事は絶えず続けられ、終えることのない仕事なのです。われわれは非常なおかげをこうむっているのです」。別のところで、彼はこう付け加えています。「彼らは空中を巡回して、大気中に私たちが放出した巨大な量の核廃棄物や毒性のある廃棄物を掃除し、中和しています」。もしこれがなかったならば、「この惑星上での生活は非常に苦痛に満ちたものになるでしょう。……」と彼は述べています。

「地球のための彼らの膨大な仕事のもう一つの部分は、物質界上に、世界中に磁力エネルギーの場を複製することです。（……）それは太陽から直接エネルギーを無尽蔵に取り出す新しいテクノロジー、つまり『光の科学』と関係しています……」[3]「私たちが、共に、正義を伴った平和と分かち合いと正しい関係性の中に生きることができ、戦争を永久に放棄するや否や[4]」、私たちはその科学を自由に用いることができるでしょう。

その「正しい関係性」が、私たちのシステムでは欠けているものの、高位の惑星においては生命観の中枢にあるということは、土星の覚者《マスター》がアダムスキーに次のように強く勧めた時に鮮やかに示されています。「人間がどこに生まれようとも、つまりどこで生きることを選ぼうとも、すべては兄弟姉妹であることを彼ら［あなたがたの世界の人々］に指摘し続けなさい。国籍や皮膚の色などは偶然のことにすぎません。肉体は仮の住家にすぎないからです。これらは永遠の時間を通じて変化します。あらゆる生命の無限の生長において結局はだれもすべての状態を知るようになるでしょう[5]」

ＵＦＯとエクソポリティクス（宇宙政治学）という主題に関心のあるほとんどの人は、多くのコンタクティーの説明の中にある他の惑星についての描写のことを知っているでしょう（＃156頁）。例えば、火星への訪問に基づいて、バック・ネルソンはこう述べました。「火星はとても色彩豊かです。どこで一つの色が終わり、どこからもう一つの色が始まるのか見分けがつきませんでした[6]」

トルーマン・ベサラムが何度か会った、「クラリオン」から来た女性船長は、彼に対してこう述べました。「火星は美しいところです。……そこには、あなたや私と同じような人々がいます。……すべての家には花や低木が生い茂る美しい芝地があります」[7]。また、ハワード・メンジャーは金星のことを途方もなく美しいと描写しています。「都市という印象は受けませんでした。その代わり、地球で見たことがあるような美しい郊外の地域を思い起こしました。もちろん、驚くほど異なっていましたが。建物は大きな木々のある自然環境に溶け込んでいました。木々はアメリカ杉のようなものに見えました。庭はあらゆる方向に広がっていました。それから、森や小川、大きな水域がありました。柔らかいパステルカラーの服を着た人々が動き回っていました。なじみのない四つ足の動物も見ました」[8]。彼はのちにこう付け加えています。「彼らは森の中の、自然環境に接した小さなコミュニティーに住んでいます。樹木をすべて伐採して土地を裸にし、それから箱物を建てるというようなことはしません。コミュニティーは小さく保たれています[9]。……」

ジョージ・アダムスキーはこう書きました。「彼らは無数の中心的な共同社会を持っていますけれども、地球上のように巨大な混乱した都市はありません。私たちは地球全体の比較的小部分だけを利用しますが、彼らは人々の必要物を求めて惑星全体の土地を利用します。彼らは私たちのように肥えた土地を徹底的に使用しないで、作物の輪作を励行し、根覆いと肥料として自然の何割かを土地に返してやります。こうしてあらゆる土地に周期的な休息が与えられるのです。このようにして自然界と協力しながら、彼らは有毒性のスプレーや人工肥料などの使用を不必要としています。(……)彼らはあらゆる生命体は〝宇宙の計画〟において重要であり、人間の干渉がなくても大自然はその子供たちのすべてに必要物を与えて、しかも永久に釣り合いを保っているということを知っています[10]」

　ハワード・メンジャーと同じように、アダムスキーも次のように観察しました。「あらゆる都市は円形または楕円《だえん》形になっており、密集しているように見えるのはない。この集中都市間にはまだ住民の住んでいない土地が沢山ある。（……）道路は立派にととのっており、色とりどりの花で美しく縁どられている[11]」。同じように、「農家の家もやはり円形に配置してあり、田園地帯のあちこちに散在してはいなかった。話によればこの円形配置法は農業グループが小さな自給自足社会を形成するのにきわめて有利なのだそうで、ここは田舎の人たちになくてはならない品物のすべてを供給するのに必要なあらゆる物をそなえているのである[12]」

　ステファン・デナエルドの記述によると、「イアルガ」でも、居住に適したすべての地域が、円形の集合住宅を持っているといいます。彼の説明には、彼が得た情報に基づく数枚の詳細な絵が添えられています。彼のコンタクトの相手はこう言いました。「私たちはそれを家の輪《ハウスリング》と呼びます。それは実際に、屋根のある憩いの場を中央部に持った輪の形をしているからです[13]」

　アダムスキーは金星の生活についての描写を次のように続けています。「共同社会の生き方においては、相互に尊敬し合い、生活の必要品は万人に供給されますので、職員をかかえた刑罰機関の必要はありません。金星、火星、その他の太陽系内のどこの惑星の人々も互いに調和して生きることを学んでいますので、彼らは緊張することはなく、その結果、病気になりません。（……）」

「彼らは食物から肉体的に必要な物を摂取しますので、医薬品の必要はありません。事故の場合は人体の理解力のおかげで互いに助け合います。以上のすべてを考えてみますと、彼らが医師、看護婦、病院などを必要としない理由がわかります」。このような生き方は地球でも達成の可能性はある、と彼は続けています。「そのための主な必要条件は、各個人が自分の内部で、そして他人との交際において、調和的であることを学ぶことです[14]」

多くの人は現在のところ、絶対禁酒の社会に対するバック・ネルソンの熱意は何となく時期尚早だとか魅力的でないと思うかもしれませんが、彼が次のように言うとき、アダムスキーの情報を裏付けているのは明らかです。「太陽系内の他の惑星の人々は、戦争がなく、武力や警察がなく、たばこやコーヒー、お茶がなく、お酒や有害な麻薬がなくても、秩序正しく生きることができます。未精製の自然食品を利用することにより、病気は非常にまれであり、病院や刑務所、療養所はいりません。寿命はとても長く、政治にかかる費用はとても少なく、規則は真理と正義に基づいています[15]」。彼はそれにこう付け加えています。「他の惑星のこうした人々の政府は非常に簡素であるように思えます。彼らはそれを『ホームライフ』と呼んでいました。実際に黄金律

2015年5月19日、オランダ北部のフローニンゲンにあるオンランデン自然保護区で嵐を撮影中、ハリー・パートンはこの目撃を記録した。ただし、彼はこれをレンズフレアだと考えている。しかし、ベンジャミン・クレームの師は、これが火星からの宇宙船の目撃であることを確認した。（シェア・インターナショナル誌2015年7月号23頁）（写真：© Harry Perton）

に従って生きていると、（……）大きな政府庁舎や武器弾薬、軍隊、警察、刑務所の必要性はなくなります[16]」

このことはまた、次のように書いたハワード・メンジャーによって裏付けられています。「彼らはどのような種類の当局や政府役人も持っておりません。平和に調和して生活しており、誰もが自分に特有の才能が何であるかを知っています。そのため、その特定の仕事を行い――しかも自分の仕事を愛しています[17]」

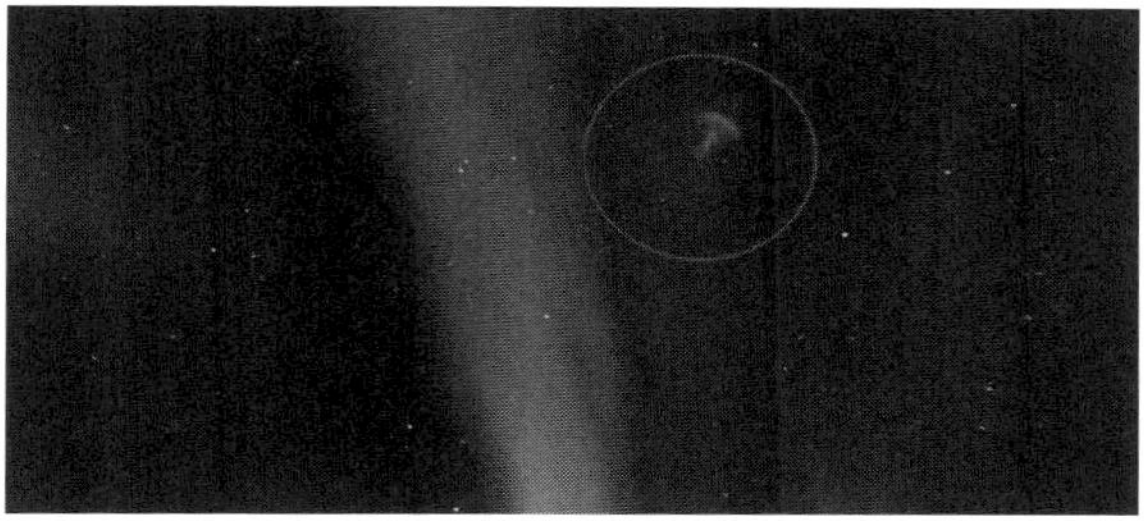

126頁のものと何となく似た目撃物体が、2010年1月20日にノルウェー北部のアンデネスで撮影されたこのオーロラの写真に現れている。（写真：© Per-Arne Mikalsen, Andenes, Norway）

トルーマン・ベサラムのコンタクトの相手はこう言いました。「あなたがた地球人を悩ませ心配させることは……私たちの故郷では決して見つからないでしょう。私たちは病気や医師、看護師を一切知りません[18]」「他の惑星は住民の幸福を増進させることでとても忙しく、ささいなことで論争する時間はないのです[19]」。ベサラム氏自身がこう付け加えました。「私は次のような印象も受けました。すべての人々の間での協力は、彼らの生活に固有の特徴であり、貧困は知られていないということです。また、いわゆる富や豊かさは地球よりも明らかに公平に分配されているという印象や、人々はほかの誰かが何を持っており、何を持っていないかを心配するより、生活して学ぶことでとても忙しいという印象も受けました[20]」

別の似たような宇宙船が1957年7月に、ノルウェーを船で巡っている途中、アメリカ・マサチューセッツ州のウィリアム・フェルトン・バレット夫人によってとらえられた。彼女は写真を撮っている間、何も見ていなかったが、フィルムが現像されプリントされた時にその船は現れたと述べた。

この写真はフライング・ソーサー・レビュー誌1958年11-12月号で最初に公表され、その後、ディーノ・クラスペドンの著書『空飛ぶ円盤とのコンタクト』（1959年）の英語初版表紙で使用された。

バック・ネルソンもよく似た観察をしていました。「火星、月、金星の人々は、ここ地球の私たちと同じように見えますが、一般的に私たちよりもずっと格好良く見えます。（……）彼らは肉を食べました。少なくとも、私が食べたものは肉のように見え、肉の味がしました。食べ物は主に果物と野菜であるように思えました。彼らは健康で陽気な人々でした。病気は珍しいと言われました……」[21]。同じように、ハワード・メンジャーのコンタクトの相手は言いました。「私の惑星では、病気は珍しい出来事です。しかし、体が何らかの病気の症状を示すときは、この同じ体は、無限なる父の自然法則の一つを生きることを怠っていると認識します[22]」

生活必需品が自由に入手できる公正な経済システムと、肉体の健康とのこうした直接の結びつきは、一九四〇年代にチベット人のジュワル・クール覚者が次のよう書いた時にすでに指摘されていました。「健康への鍵は、秘教的に言って、分かち合いと分配である。人類の全体的な幸福への鍵がそれらであるのと同じである。人類の経済的な不健康さは個人の病気と密接に対応している。生活に必要なものが分配点へと滞りなく流れておらず、これらの分配点が使われていない。分配の方向性が誤っており、分かち合いという新時代の原理が健全かつ世界規模で把握されることを通してのみ、人類の病気もまた癒されるであろう。エネルギーの正しい分配を通してのみ、個々の人間の肉体の不健康もまた癒されるであろう。(23)……」

前章で見てきたように、宇宙からの訪問者たちは、何が現在の地球の問題を引き起こしているかに関して深い洞察を共有してきましたが、このことよりはるかに知られていないのは、私たちが何十年も我慢してきたこの壊れたシステムに代わるものも、彼らは私たちに示してきたという事実です。特にジョージ・アダムスキーは、金星での生活とその根底にある霊的な世界観を描写したことで嘲笑されましたが、彼らの惑星において社会がどのように運営されているのかに関しては、ステファン・デナエルドによって、もっと多くの詳細が入手できるようになりました。

以前にコンタクティーからもたらされた情報のこの側面に取り組んだ作家は少数ながらおりましたが、彼らは主として、教えそのものも、今日の世界にとってのこの情報の緊急性と関連性も明らかにあまり理解しないまま、コンタクティーの話を新興宗教と同等に扱ったり、あるいは――正確に言うと――それをＨ・Ｐ・ブラヴァツキーやアリス・ベイリーに由来する知恵の教えと結びつけ、したがってこうした話を却下したりした否定論者たちでした。

しかし、アダムスキーとデナエルドの表明が、ほかのコンタクティーの説明によってどれほど裏付けられているか、そして、私たちの世界に正気を取り戻し私たち自身の未来のために世界を救済するにあたって、スペースブラザーズが優先事項と見なすものを私たちに示しているということが分かれば、驚くほかありません。

「イアルガ」から来た円盤の乗組員との二日間にわたる交流に基づいて、ステファン・デナエルドは、すべての人の基本的必要が満たされることを確実にするための、グローバルな協力と――企業ではなく――民衆のための真の自由の必要について要約しました。「この普遍的な経済システムが実際に、物品とサービスを生み出す効率のよいシステムであることは明らかです。それは住居、栄養、輸送のような部門を優先します。生産物はその後、個人の使用や消費を単純に管理することによって分かち合われます。このシステムの目標は、個人を非創造的で隷属的な労働からできる限り解放することです[24]」

「このシステムの出発点は、彼らの世界秩序です。そのような種族の和合は、彼らが一連の神聖な法則に従っており、そのため統一的な法制度を持っているという事実に由来します。（……）すべての物品とサービスの生産全体が、全世界的に機能する信託機関や共同組合によって管理され、そうした機関や組合の長が世界政府を構成しています。これらは経済的な構造というよりむしろ、ここ地球で政府や省庁の監督下に入る仕事の大半を行う政治的な構造です[25]」

コンタクティーやコンタクトの相手が、神、創造主、父といった言葉で話していることがよくあることに読者は気づいておられるでしょう。既成宗教の誠実さや、そしてもちろん、ほとんどの宗教の個々の聖職者の道徳性について疑うだけの十分な理由がある一方で、スペースブラザーズが常に、地球にいる私たちが教師たちを介してしか知らない真実《リアリティー》についての深い理解と内的な体験から語っているということは明らかでしょう。したがって、そうした陳述について適切に評価するために、一方で教師たちとその教えを識別し、他方で、その狙いが自分の利己的な計略を押し進めることであるにせよないにせよ、仲介者や解説者として働いた人々を識別することは有益でしょう。

ジョージ・アダムスキーのコンタクトの相手は、宇宙からの訪問者たちが「神聖な法則」によって何を言おうとしているのかを繰り返し指摘しました。「キリスト教の旧新約聖書で、また、すべての偉大な指導者の教えで、私たちは愛の掟を見いだします。『あなたの隣人を自分自身のように愛しなさい』と。この掟の本当の意味を充分に理解するには、私たちは隣人という言葉の概念を広げる必要があります。隣人というのは隣家に住む人だけではなく、世界のあらゆる人、私たちの太陽系内の他の惑星群に住むあらゆる人、広大無辺の宇宙に住むあらゆる人を意味します[26]」。アダムスキーが説明しているように、宇宙からの訪問者たちは私たちのはるか先を行っています。なぜなら、「遠い大昔、この太陽系内の他の惑星群の住民は、互いを一惑星という家族の兄弟姉妹として尊敬し始め、万人をただ一つの無限の創造主の子として認めている[27]」からです。

バック・ネルソンは『火星、月、金星への旅行』という小冊子の中で、「彼らは実際に神の法則を生きています[28]」とコメントしました。一方、エンリケ・バリオスの本の主人公アミは、若い地球人の友達ペドロに対して、「われわれは戦争はしない。なぜなら神を信じているからね[29]」と言います。金星の覚者《マスター》がアダムスキーに語ったように、「すでにお聞きになったように、私たちの世界では創造主の法則を〝実行〟しているのですが、一方、地球ではただその法則について語っているだけです。

今あなたが知っている教訓だけでも〝実行〟するならば、地球人は出かけて行ってたがいに殺し合うようなことはしないでしょう。そうなれば彼らは自分が生まれて、それゆえに〝故郷〟と呼んでいる場所で、善と幸福とを達成するために自分自身の内部で、自分の集団内で、自分の国内で働くようになるでしょう(30)」。また、別のところでは、土星出身のコンタクトの相手が彼にこう言います。「あなたがた地球人は人類の兄弟愛を遵奉《じゅんぽう》するために、毎年一日を除外して創造主の父性について語ります。しかしこのような告白の結果として生ずるはずの行為のことはすっかり忘れて、もっと迅速かつ大規模な方法で地球の同胞を殺傷する方向に向かって金と力を浪費しています。こんな残酷な破壊のための努力を神に祝福してもらおうとして祈るのはおかしいじゃありませんか(31)」

ステファン・デナエルドのコンタクトの相手も、人類がどのようにして進化の高い領域に入る可能性があるかについて説明するときに、キリストの教えに言及するのをためらいませんでした。「最初［の宇宙的な淘汰の法則］は、キリストによる社会的差別の非難を裏付けています。高いレベルの技術的発展は、混沌と最終的な自滅という苦痛を伴いながら、あらゆる差別や強制を一掃します。地球はこの法則の公正さを説得力のある方法で実証しています。社会的な混沌はすでに存在しており、脅威が現れ始めています。現時点では大国だけが核兵器を意のままに使うことができますが、やがてもっと小さな民族主義者グループが同じ立場になるでしょう。状況は年を追うごとに危険になっています。間もなく、あなたがたは非物質的な放射［アートセン注＝中性子爆弾のことか？］の可能性を発見し、それから一握りの人々が、全人類を滅ぼす威力を持つ兵器を製造することができるようになるでしょう。このすべてはどこにつながるのでしょうか。科学がその責任を知らないでいて、文明はどのくらい長く存続することができるでしょうか」
「二つ目の法則は、人間関係を正しく理解するよう強いるものです。それは『キリストの愛』を宇宙への統合のための条件として提示しています。宇宙への統合が達成されるまでは、自然界の秩序の原初の効果的な働きを回復する非利己的な行動のみが、知的な人類に生存の可能性を与えるでしょう(32)」

対照的に、「戦争と破壊の絶え間ない脅威のもとで暮らす種族は、遠い未来のための計画を論理的に立てることができません」。したがって、長期的な生存に適した惑星の状態を創造し維持することに適切に関与することはないでしょう。そのため、「地球は（……）現在と過去のために生き、将来の世代について心配しません(33)」

一九四〇年代に最初の原子爆弾の実験が行われたアメリカ・ニューメキシコ州のホワイトサンズで宇宙からの訪問者たちと遭遇したとき、ダニエル・フライも言われました。「私たちは過去の教訓を常に掲げているため、物質的な価値観ともっと重要な社会的・霊的価値観との適切な関係を常に維持することが賢明だということを見いだしました(34)」。事実、彼らは次のことを確認しました。「あなたがたの国の産業が、戦争と破壊の手段を製造するために時間とエネルギーを費やす必要性から解放されるとき、欠乏からの完全な自由が存在する程度まで、地球上のすべての人の生活水準を引き上げる時間とエネルギーを手にするでしょう。欠乏からの自由とともに、恐怖からの自由がやってきて、あなたがたの文明はその発展において決定的に重要な点を無事に通過するでしょう(35)」

約三十五年前、この概念は「国際開発問題独立委員会」によって受け入れられていました。この委員会は、委員長であったヴィリー・ブラント元西ドイツ首相のリーダーシップのもと、左派から右派までの様々な政治的志向を完全に網羅する、かつての世界的指導者やその他の著名人物から構成された大きなグループです。同委員会の一九八〇年の報告書『南と北 生存のための戦略』の中でブラント氏はこう書きました。「二〇〇〇年までにあと二十年を余すだけになった一九八〇年代のはじめに当り、われわれは、自分自身を日々のいさかい（交渉と言ってもかまいませんが）から高め、無気味な長期的問題を見つめることのできるところまで引上げるよう努めなければなりません。われわれの眼に入る世界は、貧困と飢餓が依然多くの広い地域にはびこり、資源は再生に考慮を払うことのないまま浪費され、以前にもまして大量の武器が製造・売買され、そして、この地球を幾度も吹きとばせるほどの破壊能力を蓄積しているところなのです[36]」。世界情勢についてのこの評価は一九八〇年時点で洞察力に富んでいましたが、今日においてはなおさら当てはまります。

したがって、世界教師と一緒に世界で公に働くようになるとベンジャミン・クレームが述べている知恵の覚者の一人が、よく似た線に沿って、人類のために「やるべきことのリスト」の概要を示したことは驚くにはあたらないでしょう。「人間の仕事を助けるために、キリスト〔世界教師〕は一定の優先順位を定められた。それが実施されるならば、均衡と秩序が確立され、それによって調和が創り出される。平和と福利はこの調和の上にかかっている。これらの優先順位は単純であり、自明である。しかるに、それがある程度、存在するところは現在どこにもない。列挙してみれば、それはあらゆる男女や子供の基本的な必要を満たすものである。第一の優先は正しい食物の適切な供給である。第二に、すべての者のための適切な住宅や宿である。第三に、普遍的権利としての健康管理と教育である。これらが安定した世界のための最小限の必要条件であり、これを保証することが、すべての政府の主要な責任となるだろう。それは単純だが、実際に開始されるとき、広範囲の影響をもたらすだろう。そしてこの地球に新しい時代を招き入れるだろう[37]」

世界の他の地域におけるより良い未来を追求しているアジア、アフリカ、ラテンアメリカ出身の人々を、「一攫千金《いっかく》を狙う者」あるいは「経済難民」だとして政治家たちが非難することがよくある一方で、世界人権宣言は、政治的、宗教的、社会的、経済的抑圧を区別していません。第二十五条にはこう述べられています。「すべて人は、衣食住、医療及び必要な社会的施設等により、自己及び家族の健康及び福祉に十分な生活水準を保持する権利並びに失業、疾病、心身障害、配偶者の死亡、老齢その他不可抗力による生活不能の場合は、保障を受ける権利を有する[38]」

私たちは現在、戦争と経済的不正義によって荒廃した地域からの大規模移住に関する報道を毎日目にしますが、かなり前の二〇〇一年に、ベンジャミン・クレームはこう問いかけていました。「本当に途上国の人々がこの状態に永遠に我慢すると思っているのでしょうか。実際に何が起こっているか、西欧世界の人々が何を持っているか、どんな生活をしているか、どれだけ浪費しているかを、彼らが知らないと思っているのですか。彼らは自分たちの権利を要求し始めています[39]」

それでは、不正義と束縛にどっぷり浸かっている現在のシステムから、正義と自由の新しい現実《リアリティー》へと、どうやって移行するのでしょうか。

金星について、アダムスキーは私たちにこう告げています。「あらゆる地方やあらゆる階層から選ばれた代表団の一団から成る政府が一惑星に一つあります。人々の必要事はこの代表団によって公平に考慮され、諸問題は万人の共通の利益のために解決されます。これは私が理解していることですが、法的なコントロールの必要はほとんどありません。立派に行われる仕事にたいして充分な承認と報いが与えられますので、地球の貨幣システムがもたらすような誘惑は完全に排除されています(40)」。また、「金星では日用品の割り当て、その他あらゆる点で完全に平等なのです(41)」

他の惑星での交換手段についての質問に応えて、アダムスキーは一九五七年十月にこう書きました。「彼らの交換手段は、必需品とサービスの交換システムです。あらゆる生産品は万人の便宜のためにあり、各人は必要に応じて受け取ります。お金のような交換媒体は関係ないので、金持ちも貧乏人もいません。万人は共通の利益のために働きながら、平等に分配します(42)」

同じように、ステファン・デナエルドも「イアルガ」について述べています。「支払われるということがなく、登録されるだけです。消費者が使うものは、それぞれのハウスシリンダーにあるコンピュータセンターに登録され、その人が権利を有するものを超えてはいけないことになっています。こうしたコンピュータはそれぞれのシリンダーにある巨大なショッピングセンターと連結しています。何でも買えるわけではありません。家、車、ボート、貴重な工芸品のような大きくて高価なものは、借りることができるだけです。彼らはこれを取得の権利と呼んでいます。あまり高価でないものは借りません。効率が良くないからです。その総体的な価値が登録され、使用する権利は生涯残ります。これは個人の所有とほとんど同じです。ただし、死亡した場合は、品物は［生産］トラストに戻されます」。消費と公共サービスのために、「その総体的な価値が登録され、その時点で使用権が得られます。（……）それは実際のところ銀行の口座と同じようなものです。ただし、私たちが収入に応じて管理するのに対して、彼らは支出を管理します」[43]

秘教徒であり未来学者《フューチャリスト》でもあるベンジャミン・クレームは、人類に襲いかかろうとしている経済崩壊のあと、高度な物々交換のシステムが分配手段として採用されることを予測しました。他の惑星の生活についての数人のコンタクティーの説明において、似たようなシステムが示唆されているのは興味深いことです。

ステファン・デナエルドが、彼の話を信じるかどうかは人々の自由に任せるよう依頼された（20〜21頁参照）のと同じように、ジョージ・アダムスキーもまた、誰かを説得しようとしないで、宇宙からのコンタクトの相手によって与えられた情報を単に分かち合うよう依頼されました——アダムスキーの側近の一人がかつてデスモンド・レスリーに語ったように、アダムスキーが知っていることすべてを語ることが許されていたなら、彼は明らかに誰かを説得することができたでしょう。[44] 似たような形で、チリの作家エンリケ・バリオスは、一九八五年に体験したことについて、それがまるで子供のおとぎ話であるかのように書くよう依頼されました。著書『アミ 小さな宇宙人』の中で、彼は他の惑星の生活についての情報を提供するために、宇宙からの訪問者である主人公のアミと、コンタクトされた地球の少年ペドロとの間の、啓発的で心を高揚させるようなやりとりを描いています。一連の話し合いの中で、彼はユーモアたっぷりに、私たちの思考がいかに所有という観念やお金を稼ぐ必要を中心に回っているかを明らかにしています。バリオスはアミの故郷の惑星を「オフィル」と名付けていますが、聖書の中でこの名称には富という意味合いがあります。「ここでは、すべてのものがみんなのものだからね……」(45)とアミはペドロに説明します。一方、地球では、「進歩」は富や所有物の個人的な蓄積によって測られます。
アミ「ここには、お金は存在していないよ……」
ペドロ「じゃどうやって、ものを買うの？」
アミ「売り買いはしない。もしだれかがなにか必要なものがあったら、行ってもってくる……」
ペドロ「なんでも？」
アミ「うん、必要なものをね」
ペドロ「どんなものでも？」
アミ「もし、だれかがなにかを必要とし、その必要なものがそこにある。それをもってきてどこがいけないの？（……）すべてのものがみんなのものなんだよ。必要なひとが、必要なものを、必要なときに使うんだ」(46)
二人が宇宙船の操縦席のうしろの戸棚にあった果物を食べながら、地球の果物について話しているとき、アミは「あんず畑にはよく〝UFO〟が出現するんだよ……」と言います。それに対して、ペドロは「じゃ、盗むわけ？」と聞きます。
アミ「盗む？　盗むってな〜に？……」
ペドロ「ひとのものを取ることだよ」
アミ「ああ、また、**所有**の問題か。われわれにもどうも、われわれの世界の〝悪い習慣〟をさけることができないようだね」と彼は笑って言います。地球の人々は「代償がなにかもらえないなら、なにもあたえないなんて……」とアミは意見を述べます。それを聞いてペドロは、「アミはなにかを真剣になって言うときには、思慮深いほほえみをたたえた独特の表情をする」と考え込みます。ペドロはそれから、人が他人を利用することについて心配になります。例えば、男がトラックを乗りつけてあんずをみんなもっていってしまったらどうするか、と。アミは「文明社会では、だれもひとを〝利用したり〟なんかしない。いったい、その男は、トラックいっぱいに積んだあんずを、どうしようっていうんだい？」と説明します。「もちろん、売るに決まっているじゃない……」とペドロは答えます。ペドロと同じように、文明世界にはお金がなく、もうけるという動機もないことを私たちが一瞬ののちに思い出すとき、貨幣価値という観点から考えるようにいかに私たちが条件付けられているかを読者は即座に思い知らされます[47]。

ステファン・デナエルドは次のことを知ります。安定した社会のためには、「解決策は二つしかありません。すべての人が同じものを所有しなければならない、もしくは、誰も何も所有してはならない、ということです。この最後のものが最も効率的です[48]」。このような公正さを効率よく実現しているのは、「人間の必要を効率よく満たすことを目標とした経済計画です。そのようにして人間は、日常生活における物質的なものの横暴から解放されます。言い換えれば、もしすべての人がすべてのものを意のままに使うことができれば、物質的な品物の獲得はもはや何よりも重要ではなくなります。これは、すべての人に平等な分け前を提供することによってのみ実現することができます。そうでなければ、ねたみが常に存在するでしょう。そうすれば、その文化はより不安定になります[49]」

金星への旅行で、ハワード・メンジャーは次のことを見いだします。「私たちが知っているような仕事はありません。彼らは仕事を素早く効率よくこなす高度な仕組みや器具を持っています。すべての奉仕が自発的であり、愛をもってなされます。すべての製品が分かち合われます[50]」。それでも、「仕事が行われる、または、船が建造される建物もあります。しかし、その建物は美しい場所であり、決して私たちの工場のようではありません。彼らは仕事の見返りとして貨幣を受け取りません。その代わり、才能を交換し合います。すべてのものが自分たちの才能や欲求の範囲内において分かち合われ、誰も何も欲しがりません。私たちが働くのは、働かなければならないからです。彼らが働くのは、無限なる父への奉仕のためです[51]」。同じように、ステファン・デナエルドは言われます。「非常に多くの知的な種族によって存在する普遍的な経済システムは、金銭、所有、あるいは支払いには関与しません。このシステムの目標は、人々を物質的な影響力と動機から解放することです[52]。……」

しかし、デナエルド氏が与えられた情報によると、これは正義に基づいた経済システムへの移行の初期段階においては現実的だと見なされていません。興味深いことに、彼のコンタクトの相手は、そうした移行を円滑に進めるための実際的な助言を提示しています。「普遍的な経済システムの目標は当然ながら収入の平準化ですが、それは社会的な安定の初期段階では可能ではありません。より大きな個人的な努力をかき立てるために物質的な報酬が提供されなければなりません。高度な技術的発展を遂げるために必要な長期間の研究を完成させるよう若い人々を励ますため、あるいは、人々がより懸命に働いたり、より大きな責任を受け入れたりするよう仕向けるために、同じような報酬が提供されなければなりません(53)」

スペースピープルの社会規範が私たちのものよりかなり先を行っていることは、女性の権利に関する彼らの見方からも明らかです。「すべての人がいつも受け取る社会的な最低水準を決めることから始めなければなりません。そして、老若を問わず、すべての人の社会保障を確立しようと試みなければなりません。女性も自分自身の収入を得る権利を持ちます。社会的な最低水準は、あらゆる差別を免れていなければならないからです。最高限度も決めなければなりません。男性と妻の合計収入は、決定された最低水準の四倍を決して超えることはできません(54)」「私たちにはもう階級の区別がないことをあなたに告げましたが、これは女性にも当てはまります。家事はすべての人によって平等に分かち合われます(55)」

「イアルガの男女は平等ですが、異なった使命を担っています。女性は知的発達を導かなければならないため、優勢な立場を占めています。女性は性的対象ではありません。性という主題は、この地球では禁断の果実と見なされ、そのため不健全な魅力を帯びていますが、私たちには全く悪影響を及ぼしません。性だけに基づいた男女関係を、私たちは下劣だと見なします。私たちの女性は、肉体［運動］のために利用されるくらいなら、むしろその場で死にたいと思うでしょう。女性はパートナーに高い要求をします。女性はパートナーの関心、優しさ、そして何よりも人間としての自分に対する、自分の知的レベルに対する敬意を要求します。あらゆるものが創造的な表現に向けられるため、性行為はその中でとても小さな役割を果たします(56)」

こうした発言は一九六五年頃になされたということを覚えておくべきです。その一方で、二〇一五年になっても依然として、ほとんどの富裕国の女性は同じ仕事をしても男性と同じレベルの報酬さえ得ていません。さらに、普遍的な基本収入についての話し合いは、世界のいくつかの地域で弾みがつき始めたにすぎません。

こうした描写が示唆しているように、地球上の問題を切り抜ける唯一の方法は、私たちの相互依存性と、すべての人の基本的必要が確実に満たされるようにする国際政策の必要性を認識することです。地球の人々は現在のところ、自分たちを「経済」の召使いへと貶《おとし》めるひどく歪んだシステムに捕らえられています。そのシステムの中では、社会サービスにまで深く切り込んだ緊縮財政政策が、「経済を刺激するために必要だ」として政治家によって正当化されています。一方、「イアルガ」の厳しく規制された経済システムは人々の必要に奉仕しており、正義に基づいたシステムは自由が花開くのもいかに助けるかということを、デナエルド氏が理解する一助にさえなっています。彼は「この不思議な世界の素晴らしい完璧さに気づき始めていました。それは最大限の効率性により巨大な人口を支えている世界、ごみ、臭い、排気ガス、交通渋滞、騒音のない世界でした」[57]

もし私たちがすべての人間の幸福に本当に関心を抱くなら、地球上の飢餓と貧困の問題や、原材料の不足、環境破壊、気候変動といった関連問題は、今でさえも、食料、原材料、医薬品、ノウハウなどの増産の問題ではなく、単に全世界での分かち合い、公平な再分配の問題だということを理解するのは難しくありません。したがって、そうした大きな地球規模の問題に対処するためには、地球規模の取り組みが必要不可欠です。

ステファン・デナエルドは、これが「イアルガ」でいかに組織立てられているかを、かつてないほど詳細に教えられました。「イアルガでは、物品とサービスの生産全体がごく少数の巨大な会社、つまり『トラスト』の管理下にあります。これは、惑星全体で活動する何百万人もの従業員を持つ巨大な組織です。消費者に直接分配する主要トラストと、主要トラストに供給する二次トラストがあります[58]」

「すべての物品は、それを供給したトラストの資産のままです。これが意味することは、トラストが維持、修理、一定の最低寿命の保証に責任を負うだけでなく、紛失や破損といったリスク全般も引き受けるということです。このようなわけで、すべての品物は、修理が決して必要とされない高い水準で作られます。修理は高くつくだけでなく、恐ろしく効率が悪いからです[59]」

一般的に、「トラストは原価ベースで機能しており、それにより『利益』という用語は『維持コスト』に置き換えられます。それぞれのトラストは生産の向上と拡大に絶えず取り組んでいました。彼らの経済は岩のように安定していました[60]」。しかし、原価をはるかに上回る利益を示す希少な品目、おそらくは贅沢《ぜいたく》品もあるのでしょう。「トラストはこの余分な利益を吸収し、生産計画の中で他の品目を助成するために使います。入念な中央計画もまた、需要と供給の法則に影響を与えることができます[61]」

「そのシステムは、地理的に可能な限り互いに遠く離れた部局や支部と連携し、自動生産を可能にしていました。それぞれのトラストの上部には、世界政府の生産グループのメンバーである代表取締役がおりました。（……）原価は、標準労働時間つまり『ウラ』に基づいて計算されていました[62]」

「二つのトラストの代表取締役は、世界政府の中央計画グループの一員でした。このグループは種族を文化の目標へと導くことを試みます。初めに、生産調整という手段により、需要と供給の法則の適用を免除し、したがって無制限の繁栄という状況を創り出さなければなりません。そのようにして、誰も物質的なものに困ることはなくなります。その結果、このグループは種族の知的発達も刺激します。車と家を例にとりましょう。文化レベルが、こうしたものがもはや地位の象徴として機能しなくなる地点に到達する時がやってきます。それでは、何が民衆の選択に影響するのでしょうか。主に二つあります。快適さと価格です。最大限の快適さと低い生産コストは、ロボットオートメーションによってのみ達成することができます。次に、どうなるのでしょうか。すべての人が最も効率のよい車と最も効率のよい家を選びます。そのようにして、開発が進むのです[63]」

いったん需要と供給の法則が廃止されれば、「競争は、消費者の自由な選択を通してのみ存在しますが、私たちが広告によって試みているような、その選択に影響を及ぼそうとすることとは全く関係ありません[64]」

「イアルガ」には二つの世界規模の消費者組織もある、とステファン・デナエルドは説明しています。その組織は「すべての市場調査の責任を負っています。すべての品物とサービスの使用価値を調べ、入手可能な品ぞろえについて最も客観的な方法で民衆に知らせます。必要とされる物品を生産するようトラストに促します。トラストは、宣伝したり消費者に影響を及ぼしたりすることは許されていません。これは決して目的にはなり得ないからです。このようにして、選択は素人や「価格を意識しない」人々によってなされるのではなく、検査施設を自由に使える専門家によってなされます。例えば、民衆は五つの異なったタイプのテレビを選べるようにすることが必要だと彼らが判断すれば、それらが確実に生産されるように取り計らいます[65]」

彼はこう続けています。「消費者協同組合はトラストの実績についてコメントし、そのようにして品ぞろえと安定供給を促します。いったんこの状況に達すれば、経済に関する本に書くことはあまり残っていません。差しはさむことができるのは、雑務労役の量を減らすことになる、システムの生産効率を高めるためのアイディアだけです[66]」

個人所有は存在しないため、天然資源は原則として無料です。「これが意味していたのは、採掘、加工、分配のコストから価格が計算されるということです[67]」。彼のコンタクトの相手はこう言いました。「私たちが都合上『価格』と呼ぶものは、実際には純粋に、一定の品目が必要とする生産時間を表すための手段であり、財産の分配を決定するためだけに使われます。価格が高いかどうか聞くとき、実際のところは、入手可能なものがたくさんあるかどうか、私たちが富んでいるか貧しいかを聞いていることになるのです。事実、一人当たりの生産レベルについて聞いていることになります。地球の水準に比べると、これは非常に高いです。私たちはみな富んでいる、という答えになります[68]」

したがって、「イアルガ」には上層階級も下層階級もありません。「指導的な仕事と実務的な仕事との違いだけがあります。短い工期について話すときは、非創造的な生産と維持の仕事について話しており、誰もが、代表取締役さえもこれを行います。指導は純粋に創造的な仕事であり、私たちはこれを自由時間に行います。（……）私たちは高い立場と低い立場を区別しません。指導する人々を選びはしますが、彼らはあくせくと［つまり平日］働くほかに、趣味のように、自分の創造性の表現としてこの活動にも興味を抱いています。この発達段階においては、創造性はもはや労働とは見なされません。それは人々の目標だからです(69)」

エンリケ・バリオスもこう言われました。「オフィル」では、「ほんの少ししか仕事がない。重労働はみな機械やロボットがやってしまうし(70)」。ペドロが地球外から来た友人に、その惑星にいる人々は一日何時間くらい働くかと聞くと、アミはこう説明します。「仕事によるけど、快適な仕事なら一日じゅうはたらくことができる。いまのぼくのようにね……でも、それは、非常な特権なんだ」。するとペドロはこう聞きます。「アミ、きみ、はたらいているって？……アミ、きみはぼくとこうやって散歩しているだけじゃないの？」。アミはこう答えます。「ぼくは言ってみれば、教師とか、使者のようなものだよ。ま、どっちでもおなじようなものだけどね(71)」。別のところでアミはこう言いました。彼の惑星では、人々は「楽しんだり、はたらいたり、勉強したり、奉仕したり、たすけの必要な人を援助したり……でも、われわれの世界はたいていの問題は解決ずみなので、おもに、未開文明の援助をするんだよ(72)」。その理由について、アダムスキーのコンタクトの相手、オーソンは彼にこう語りました。「〈私たちは兄弟の守護者なのだ〉という考え方は、いかなる場所の人類にもあてはまります(73)」。まさしく、土星の覚者《マスター》は言いました。「……喜んで奉仕することによって万物は自分に英知を与えてくれる源泉に対する理解が増大するのです。この英知とは自分たちを存在させている同一の生命力です(74)」

したがって、デナエルドのコンタクトの相手が繰り返し言及している「超文化」や「宇宙文明」へと進化を推し進めるのは奉仕であるように思えます。そして、この奉仕こそが、地球での私たちの関係の仕方に欠けてきたものです。しかし、それは進化の過程であり、他の惑星もこの道に沿って私たちよりも進歩を遂げてきました。ジョージ・アダムスキーが説明しているように、「われわれの宇宙の友は地球人の誤った考えを正そうと努力してきました。彼らはわれわれを理解していま す。なぜなら彼らも過去において心を訓練し、個人的自我を他人への奉仕経路に転換させる必要があったからです。彼らは自分自身よりもむしろ全体の改善に関心を持っています(75)」

金星人の覚者《マスター》の言葉を借りれば、「私の惑星や私たちの太陽系内の他の惑星（複数）では、あなたがたが〝人間〟と呼ぶ創造物は、各種の発達段階を通じて、地球人の想像もつかないほどに知的に社会的に発達し、進歩しています。この発達は、あなたなら自然の法則と名づけるかもしれないものを固く守ることによってのみ達成されたのです。私たちの世界（地球以外の各惑星）では、それは時間と空間のすべてを支配する〝至上なる英知〟の諸法則に従うことによる成長として知られています(76)」

この重要な側面は、いのちについての私たちの理解から明らかに欠落していますので、宇宙からの訪問者たちがそのことに関して述べざるを得ないことをもう少し検証してみましょう。例えば、土星の覚者《マスター》はこう説明しました。「人間自身が、それほど深く悲しんでいるそのわびしさをもたらしたのですが、これはすべて自分をとりまいている、より謙虚なフォーム（複数）が自然のままに奉仕をするように、そのように奉仕しないためです(77)」。しかし、ファーコンはアダムスキーにこう言って安心させました。「昨日失われたゴールを明日は勝ちとることができます。これは私たちが極度に発達していると考えているわけではありません。それどころではない。まだ永遠に進まねばなりません。しかしご存知のように私たちの世界ではもはや病気とか貧困などは存在しませんし、犯罪もありません[78]」

面白いことに、ステファン・デナエルドがホストの一人を救助したことで彼らと知り合いになったあと、その救助はコンタクトを確立するための手段に過ぎなかったのではないか、自分の援助が実際に必要だったのだろうかと考えました。その返答そのものが啓発的でした。「非利己的な行為の価値は、それはほかのやり方で行えなかっただろうかと後で問うことによって影響を受けることは決してありません[79]」。ほかのところで、彼のホストたちは、この特質が人類の進歩にとっていかに決定的に重要であるかについて疑いようがないようにしました。「非利己性は知的な種族を不滅にします[80]」

エンリケ・バリオスはアミにこう説明させています。「もしね、きみに愛があるなら、ひとに奉仕できることで幸福に感じるし、どうじに、ひとから奉仕を受ける権利をもつんだ。たとえばとなりの家に行って必要なものをもってこられるんだ。もし必要なら牛乳屋からは牛乳を、パン屋からはパンをね。でも、こんなふうにみんなばらばらに無秩序にやるのではなく、組合が組織されていて、配給センターに運んで、きみがはたらくかわりに機械がやってくれるんだよ……」。それに対してペドロはこう声を上げます。「じゃだれも、なにもする必要ないや！」。しかし、アミはこう答えます。「いつもすることはなにかあるよ。機械を点検したり、より使いやすいものに改良したり、われわれを必要としている人々をたすけたり、われわれの世界や自分じしんをよりかんぺきな方向に近づけたり、もちろん、自由な時間を楽しんだりね[81]」

アメリカ人のコンタクティー、バック・ネルソンは一九五六年にこう書きました。金星で観察したところ、警察や刑務所、政府庁舎を必要としない進歩した文明の有利な点の関連性や、「彼らが使うものは、私たちのものよりはるかに長く、永久に持続するように作られているという事実、病気はほとんど知られていないという事実」が分かり始めたとき、「彼らがなぜ一日に約一時間しか働かないいか、決して三時間以上は働かないかを理解することはそれほど難しくありませんでした。宇宙人が私に言ったことですが、家事でさえ一～三時間以上は必要としないということです。これによって、訪問を行うための余暇の時間がたくさんとれますので、たくさんの訪問を行っています[82]」

アミが友人のペドロに対して、「オフィル」では人々はずっと自由に楽しんで生きている、と言うと、ペドロはアミに、法律はないのかと聞きます。それに対してアミはこう答えます。「ある、でも、例の基本法に基づいていて、すべての人々が、幸せになるようにつくられているんだ[83]」

ステファン・デナエルドが、ホストたちが公正（正義）の必要を強調していることを理解するにはしばらく時間がかかりました。「この遠くにある文化を知り始めたばかりですが、ここではすべての人が平等な権利を持っていることが分かりました。彼らは同じ家に住み、同じ車に乗り、同じ列車に乗り込んでいました。富む者も貧しい者もおりませんでした。国籍、人種、肌の色による分離はありませんでした[84]」。彼らは彼にこう説明しました。「私たちが高い水準の文化を創造するのに必要としたことは三つありました。自由、公正、そして効率です。（……）私たちの効率の良さを知れば、あなたはショックを受けるでしょう。私たちにとって、それはこの世界でごく当たり前のことです。この概念なしには、私たちは絶対に存在することができないからです。効率の良さがなければ、私たちの世界は即座に崩壊してしまうでしょう。あなたは私たちの説明の中でこの概念に絶えず直面するでしょう。なぜなら、安定していると呼べるような水準の文明に達するためには、この三つの概念――自由、公正、効率――のそれぞれをいかに注意深く適用しなければならなかったかを、私たちはあなたに対して明確にしておかなければならないからです(85)」

一九八〇年の報告書の中でブラント委員会によって前面に出された提案を見てみると、地球ではいかに公正（正義）と効率が欠けているかが分かります。災害の瀬戸際にある諸国を支援するための緊急援助計画、公正な貿易協定、世界通貨の安定、武器貿易の削減、環境保護に対する地球的責任、世界経済システムの全面的見直し、といった課題が取り上げられています。

また、デナエルド氏のホストたちはこう説明しています。「公正は効率の良さのための条件です。例えば、もし住居が人々の地位の違いを示すのに一役買っているなら、公正は損なわれ、このような状況での効率の良さは不可能になります。したがって、効率を良くするためには、異なった、もっと社会的な生活様式が必要とされるのです(86)」

デナエルド氏が聞いたところによると、発展し得る未来に向けたそうした関与を確保するために、「すべてのイアルガ人は、彼らが生きている集団の中で子供たちに対する同じ義務を負っています。高度な文化において必要とされる、知的に安定し進歩した大人へと子供を育てることは、困難で複雑な仕事です。学校は投射という手段によって知識を植え付けますが、大人たちは子供がこの知識を体験へと変えるのを手助けしなければなりません。家庭環境は、こうした事柄において重要な役割を担っています。収入の平準化を追求する種族は、人々の知的水準を引き上げることに最大限の注意を払わなければなりません。一般的な最低賃金の引き上げは、この水準とバランスが取れていなければならないからです。人々の間での価値と収入の違いは、最低の知的水準を高く保つことによってしか克服することができません(87)」

デナエルド氏はこう説明しています。「教える方法は、宇宙船の中で私のために使われたものと全く同じでした。簡単な説明の付いた映像です。実際の情報は投射によって伝えられました。（……）この基礎的な教育は、子供が十五歳か十六歳になるまで続きます。投射によって二日間で得た情報のことを考えると、十年以上投射を受けたときに子供たちが達するに違いない水準を想像することができます。彼らの基礎教育は私たちの大学の水準を超えているに違いありません。この基礎訓練を完了すると、子供たちは上級学校へ進みます。それは通常の円柱状をしていて、そこですべての生徒は一緒に暮らし、自分が選んだ科目を専攻することができます(88)」

「人は、物質的な影響力から自由になったときのみ、子供を育てるのに成功します。子供は非利己的な知的態度によって、本当に自由になり、幸福になることができます。愛するように、そして他者と関わるように子供に教えなければなりません。子供は自分の感情を豊かに表現することを学ばなければなりません。雄弁さが、自分の感情を言葉にする能力が、大いに必要とされます。その際の特徴として挙げられるのは、誠実さ、自発性、熱意、親切さ、そして何よりも、愛の交流を肉体的なものから大いなる霊的な高みへと引き上げる能力です。私たちは人間的な交流の量と深さにおいて冒険を求めます(89)」

「幸福と満足は、創造的であるという目標にほかの人々と一緒に到達することを意味します。それによって、自己尊敬の感情が強まることになるからです(90)」「関心と創作力をもって自分の仕事を全うするすべての人が幸せを感じます。愛において成功し、それを子供たちに教えることができること以上に、人生から何を期待することができるでしょうか(91)」

この点に関しても、ほかの人々がよく似た考えを伝えられました。例えば、エンリケ・バリオスはこう言われています。「人生とは幸福になることだし、それをじゅうぶんに楽しむことだ。でも、最大の幸福は、ひとに奉仕することによって得られるんだよ……(92)」。また、ジョージ・アダムスキーも次のことを知りました。「生活は［他の惑星では］もっと楽しいのですが、これはあらゆる人が共通の利益のために働いて生きているからです(93)」

彼はのちにこう説明しました。「あらゆる人は一つの運命を遂行するために生まれます。私たちの現在のシステムのもとでは、自分の内部の欲求が他のゴールに向けられるかもしれないにしても、最初の考えは日常の必要品を満たそうとして生計を立てることにあるかもしれません。こうした根強い欲求を持たない人間はいませんので、現在、環境によって人間に課せられている種々の束縛が軽減されるならば、人間は当然、自分や全人類の改善のためにそれらを追求できるようになるでしょう」

「私は近隣の惑星群の知性の程度を地球のそれに比べて聞いています。そこには労働者、芸術家、科学者、農民などがいます。すべての人が良くバランスのとれた文明に必要なのであって、そのためにあらゆる人が等しく尊敬されています。彼らは惑星の諸問題を解決するのに基本的な役割を演じているからです。毎週数時間だけ働くのが彼らの習慣です。残りの時間は学習、レクリエーション、旅行などにあてます。彼ら自身の世界を広く旅するばかりでなく、わが太陽系内の別な惑星群や、ときには別な太陽系の惑星群へ旅に出かけます。（……）こんな生き方は退屈でしょうか。私たちの自然の才能を眠らせるよりも、それを生かす余暇を与えてくれることでしょう。人間というものは興味がありさえすれば何かもっとすぐれた物に向かうための刺激を常に見いだすものだということを忘れてはなりません。大抵の地球人が恐れている退屈さは精神的な未熟さの結果です。こうした人々は自分のためにどんなに多くの時間つぶしの仕事を計画しても、やはり退屈さを経験するでしょう[94]」

創造性についてのイアルガ人の考えは、このことを裏付けているように思えます。「創造性とは、自分の生活やほかの人の生活の環境を変えることに絶えず専念する思考のことです[95]」。ステファン・デナエルドは、イアルガ人が、自らの存在の目的と見なすものという観点から創造性に置いている重要性についてこう説明しています。そうした目的は、「個人の創造性のために自分を解放することに大きな関心を抱くことにつながりました。この考えを念頭に置いて、彼らは非常に効率が良く、ほとんど完全に自動化された生産システムを創り上げました。次に、自己規律に訴えかけることによって、物品とサービスの消費を減らそうとしました。これは生産量を減らすため、あるいは、人口を増加させるためでした。彼らは最終的に、例外なくすべての人が週に一日しか直接の生産過程に携わらなくてもよいような状況に至りました。消費の自発的な抑制と非創造的な作業の平等は、自動的に収入の平準化につながります。人々は消費する権利を放棄するため、必要《ニーズ》も減ることになります」

「そうすると、イアルガ種族の発達における偉大な瞬間が訪れます。消費に関する規制が取り払われます。すべての物品とサービスが、一定年齢以上のすべての人にとって自由に入手できるようになります。個人の自己規律は成熟の段階を迎え、物質的な貪欲が克服されます。イアルガ人はこれを超文化の始まりと見なします。すべての人がこのような繁栄を無料で享受するため、ある人がほかの人と比べて欠乏していることは不可能になります(96)」

その段階に到達したとしても、金星の覚者《マスター》がアダムスキーに確言したように、「私たちは退屈というものをけっして経験しません。過ぎゆく一瞬一瞬が歓喜の瞬間です。どんな仕事をやらねばならぬということはない。もし、いわゆる労働をする必要が起こるならば、私たちは全身に喜びと愛をもってそれを行います(97)」

ベンジャミン・クレームを通して伝えられた初期のメッセージの一つで、世界教師マイトレーヤは同じように、調和のうちに生きることは同一の退屈な日常茶飯事ではなく、それどころか次のようなものであると私たちに保証してくれています。「わたしに道を示させてください——誰も窮乏することのない、より簡素な生活に至る道を。そこでは、同じ日が二度と繰り返されることなく、同胞愛の喜びがすべての人間を通して顕されるのである(98)」

私たちの政府や科学者、軍が第二次世界大戦以降、ますます破壊的な武器を考案するために国民の資金や時間、エネルギー、才能を浪費し、それによって地球上の大勢の人々にとって言い尽くせないほどの悲惨な状況が継続し悪化するのを許してきた一方で、スペースピープルはいつもの目立たないやり方で、私たちの問題の解決に対する決定的に重要な洞察を分かち与えてきました。彼らは政府レベルの交流でも同様の働きをしてきたと推測できますが、本章に集められた多くの「普通の」人の話は、十分なお金を持つ人々だけが自由と正義を享受できる世界において何を行う必要があるのかについて、疑問の余地を残していません。つまり、貪欲と競争を分かち合いと協力に置き換えること、あらゆる差別をなくし、正しい人間関係を確立することが必要だということです。これらは、すべての人にとっての自由と正義を確立するにあたっての鍵となるものであり、そうした自由と正義のみが、持続的な平和を保証するでしょう。

悲しいことに、今日の世界にあるひどい不平等により、多くの人は、より良い明日の約束について権利を奪われたように感じ、無力感に陥り、皮肉的になりがちです。彼らにとって、一昔前の「ヒッピー」の夢や「ユートピア」思想、「希望的観測」などのように、すべての人にとっての自由と正義が行き渡った、調和に満ちた世界についての陳述は、却下した方が楽なのです。しかし、エンリケ・バリオスが言われたように、「きみたちは地球の進化の決定的な瞬間に近づいているんだよ。団結して『水がめ座の時代』と呼ばれるものをもたらすか、あるいは、自分じしんを破壊してしまう、そのどちらかの時点にね」(99)

ウィルバート・スミスはこう説明しています。「私たちは、善か悪かを最終的に選ばなければならない発達上の時期に至りました。別なところから来ている人々は、私たちが行う選択についてとても心配しています。一つには、それが彼らにはね返ってくるからであり、また、一つには、私たちは彼らの血を分けた兄弟であり、［彼らは］私たちの幸福を本当に気にかけているからです」[100]

私たちのシステムが破綻し、機構が崩壊し、そうした決定的に重要な選択をする時が訪れるとき、私たちは「自由市場」という偽りの自由と、資源、才能、時間、エネルギーの無駄遣いによって創り出される、選択という幻惑へと戻ることを選ぶのでしょうか、それとも、恐怖からの自由、欠乏からの自由、思想の自由とともにやってくる真の自由を選ぶだけの認識と勇気を持つのでしょうか。

＃他の惑星と他の界層での生活――「暗黒物質《ダークマター》などはない」（123頁）

一九五八年に最初の（本章の内容と矛盾する）温度測定が金星で行われたとき、ジョージ・アダムスキーは、コンタクトの相手がこの太陽系内にあるその惑星や他の惑星の出身であると述べていたため、すぐさま嘲笑されました。しかし、このような主張をしたのは彼だけではありませんでした。ディーノ・クラスペドン（物理学者であったコンタクティー、本名アラディーノ・フェリックス）、ブルーノ・ギバウディ（ジャーナリストであったコンタクティー）、ウィルバート・スミス（研究者であったコンタクティー）、ハワード・メンジャー（コンタクティー）、バック・ネルソン（コンタクティー）らは皆、多かれ少なかれ公に、宇宙船とその搭乗者たちは太陽系内から、主として火星、金星、土星、その他のいくつかの惑星からやってきていると述べました。[a]

しかし、それ以降、どのコンタクティーも、宇宙からの訪問者の出身地をこの太陽系内とはしなくなりました。しかし今日では、秘教徒のベンジャミン・クレームがきっぱりと、「私たちの太陽系システムのすべての惑星に居住者がいます。……」と述べています。しかし、「あなたが火星や金星に行ったとしても誰も見えないでしょう。なぜなら、彼らはガスよりも精妙な細かいエーテル物質の肉体（エーテル体）で暮らしているからです」[b]と付け加えています。すべての惑星に居住者がいるというベンジャミン・クレームの主張に呼応するように、メンジャーのコンタクトの相手は彼にこう言いました。「地球人が肉体でそこに行くことができたとしても、自分の体よりも速く振動する生命形態の一部は見えないでしょう――自分自身の惑星内外の霊的な生命形態を見ることができないのと同じです。肉体が処理《プロセス》され調整されない限り、別の惑星の存在を見ることはできないでしょう」[c]

　不朽の知恵の教えは、濃密物質、液体物質、気体物質よりも上に四つの物質界層があるという考えを事実と仮定しています。それはエーテル物質界層と呼ばれ、それぞれの界層がすぐ下の界層のものより高い振動率で振動する亜原子（原子よりも小さい）粒子で構成されています。したがって、それは――私たちの現在の進化段階では――視界の外にあります。このようなわけで、宇宙船は意のままに現れたり消えたりすることができます。この点でも、当たらずといえども遠くなかったのは、再びジョージ・アダムスキーでした。彼はこう述べていました。「……自然の万物は有形無形にせよみなエーテル体なのです。（……）〝エーテル〟という言葉が正しく理解されるならば、それは霊魂または肉体のない実体とは関係がないことがわかるはずです」[d]。また、宇宙からの訪問者についてはこう述べていました。「彼らは自分の心を私たちの限られた視覚の領域では目に見えない、高い振動数に置くことができます[e]」

ベンジャミン・クレームによると、宇宙船はエーテル物質でできているため、人はエーテル体でのみ宇宙船に入ることができます。つまり、その人の意識的な認識が濃密な肉体から〝引き上げられ〟、エーテル体に入らなければならないということです。また、目撃されることを望む場合には、宇宙船のエーテル物質の振動率は濃密物質の振動率まで下げられるといいます。私は『スペース・ブラザーズ――助けるためにここにいる』の中で、いったん宇宙船に乗ると認識状態が高まったと証言した数人のコンタクティーによる、この事実に関する暗黙の証拠を提示しました。[f]（濃密物質の）肉体から離れる過程《プロセス》について描写していると思われる部分がハワード・メンジャーの本にあります。彼のホストたちはこう説明しました。「あなたの体を素早く調整し処理《プロセス》するために、あなたにビームを照射しました。そのようにして、あなたは宇宙船に入ることができるようになりました。実際に起こったことは、宇宙船の振動数と同等となるように、ビームがあなたの体の振動数を変えたということです[g]」

　これは現実離れしていると考える人は、次のことを思い起こすとよいでしょう。宇宙の質量についての天体物理学の計算に基づいて、科学そのものが、既知の宇宙の九十六パーセントが何で構成されているかを理解していないと認めており、一九三〇年代以降、それを「暗黒物質《ダークマター》」と呼んでいるということです。しかし、その時以降、数人の開拓者的な科学者が、「暗黒物質」についての（部分的な）説明もしくは証拠となる、すべて同じ方向を指し示す発見をしてきました。

この「暗黒物質」のまたの名は、エーテル物質界層です。

簡潔に振り返ってみましょう。セミヨン・キルリアンは、生体から発する目に見えないエネルギー場を記録する技術を開発しました。ヴィルヘルム・ライヒ医学博士は、すべてのものに浸透する根源的な生命力を発見し、それをオルゴンと呼びました。そして、ルパート・シェルドレイクは、実験を通して形態形成場の存在を明らかにしました。自然界の青写真は、その形態形成場から、私たちの知る生命形態へと凝結するといいます。[h]

二〇一五年三月、こうした「前衛的な《アバンギャルド》」アイディアはほとんど人目を盗むようにして確認を得ました。それは、「暗黒物質が別の種類の亜原子粒子であることを示唆する」発見について、主流派科学が報告した時です。その亜原子粒子は「おそらく、通常物質の目に見えない鏡像のように機能する超対称的な物質に満ちた、『超対称性』を持つ平行宇宙《パラレルユニバース》を形成している」[i]といいます。したがって、私たちの太陽系の他の惑星に生命はいないという科学的主張について読むとき、私たちはただ、「濃密物質界層には……」と付け加えるだけでよいでしょう。（注は176頁）

第三章　補遺

イアルガ、オフィル、クラリオン、つまり火星、金星、土星？

私たちの惑星に存在する異星人が私たち自身の太陽系内から来ているということは先の検討にお

いても示唆しましたが（156～159頁）、そのことを支持するより詳しい論説は『スペース・ブラザーズ――助けるためにここにいる』の第五～六章にあります。このように考える根拠は、アメリカ（アダムスキー、ネルソン、メンジャー）と他の地域（クラスペドン、スミス、ギバウディ）の初期コンタクティーの陳述に示されており、また、人類の教師たちから来る情報――不朽の知恵の教え――によって裏付けられています。こうしたコンタクティーが受けた嘲笑や中傷は、（ベサラム、アンゲルッチ、マイヤー、デナエルドのような）ほかの人々が、自分のコンタクトの相手は他の太陽系や銀河系から来たと告げられた、と述べる十分な理由となっています。本書全体を通して、コンタクト相手の本星を表すのに彼らが使った名称にかぎ括弧《かっこ》がつけられているのは、この理由のためです。

この本の中に集められた情報の緊急性に鑑《かんが》みれば、そうした惑星を特定することは、その情報に関して私たちにできる最も重要なことではないかもしれません。しかし、コンタクティーが記述した惑星のいくつかを特定することができれば、この太陽系の惑星に由来するとされる情報とともに与えられた、時には極めて詳細な描写を比較することによって、太陽系についての私たちの知覚を豊かにし、広げることになるかもしれません。

様々なコンタクティーがコンタクトの詳細を明かしてきましたが、それは他のコンタクティーによって確認されているように思えます。例えば、トルーマン・ベサラムは、七回か八回会った自分のコンタクトの相手である円盤の船長に対して、「私たち地球人が［惑星クラリオンのことを］火星や金星のような別の名前で知っていると思うかどうか」たずねました。「彼女は微笑み、そういうわけではない、と私に請け合いました[101]……」。しかし、あとで会ったとき、彼女は彼にこう言いました。「地球の人々が名前を付けている同じものに私たちも名前を付けていますので、同じ惑星や、両者に共通のほかのものに異なった名前を付けている可能性があります[102]」。興味深いことに、ベンジャミン・クレームの師はベサラム氏のコンタクトの相手について、彼らは土星の出身であると述べました[103]。

着陸した円盤に乗るように——トルーマン・ベサラムと同じように——招待されたディーノ・クラスペドンは、一九五二年十一月に自分が初めて見た円盤の一つの船長は、「木星の衛星[104]」から来たと語った、と述べています。一方、ベンジャミン・クレームは、木星の居住者は「惑星を回る様々な月（衛星）に住んでいます[105]」と述べました。

クラスペドン氏が訪問者の背の高さに驚きの気持ちを表したとき、彼はこう言われました。「私たちはみな小柄なわけではありません。同じ衛星に、小さい人や大きい人、色の白い人や黒い人、浅黒い人がいます。地球の人々は一般的に背が高いですが、小人《ピグミー》や中くらいの背の高さの人、色の白い人や赤い人、浅黒い人、黒い人がいます。自然界は多様性の中の和合を明らかにしています[106]」。カナダ人のコンタクティー、ミリアム・デリカドの著書『青い星（*Blue Star*）』の書評に関する編集者注の中で、ベンジャミン・クレームの師は、彼女の説明の中に出てくる背の高い存在は木星から来たと述べました。クレーム氏はこのほかにも、私たちを訪れるＵＦＯの出身惑星のいくつかについて、短いけれどもかなり明快な描写をしてきました[107]。

金星の人々は約百八十センチメートルの背の高さがある、とディーノ・クラスペドンは告げられています。「彼らは様々な人種に属していますが、色白なタイプが優勢です。体はがっしりしていますが、見かけも精神も地球人に最もよく似ています。精力的で、話し好きで、優しく、何よりも霊的志向を持っています」[108]。ジョージ・アダムスキーとハワード・メンジャーによる金星人についての描写はよく似ており、金星は「信じ難いほど」進化しているというベンジャミン・クレームの主張を裏付けています。

一連の質疑応答の中で、ディーノ・クラスペドンのコンタクトの相手は彼にこう言います。「冥王星では、生活は地球上の生活とよく似ています。人々はほとんどすべての点で同一です。しかし、進歩した知性にもかかわらず、彼らは悪へと傾斜し、神を無視します。さもしい本能が自分たちを支配するのを許してしまいます。彼らは昔、宇宙を旅することを覚えました。自分たちの間で戦争は行いません――戦争は、悲しいかな、地球にだけ存在します。しかし、彼らは危険な存在であり、円盤が地球の人々に害を及ぼす例はすべて彼らによるものでしょう」[109]。冥王星にいる存在についての質問に答えて、ベンジャミン・クレームは、彼らは「暗い夜に会いたくないような存在です！」[110]と述べました。

不朽の知恵の教えは、すべての惑星は七つのラウンド（環期）、つまり「転生」を経験し、それぞれのラウンドが非常に長い期間続くと教えています。火星に関しては、地球とほぼ同じ進化段階にある一方で、最終ラウンドにある金星はほとんど完成している、とクレーム氏は述べています。しかし、「火星は地球の私たちのように多くの過ちを犯しませんでした。そのために彼らの科学技術は私たちのよりも信じ難いほど進歩しています。……私たちが見、そしてUFOと呼んでいる小さな観測機から巨大な母船に至るまでほとんどの宇宙船を、彼らは製造しています。金星のＵＦＯの一部でさえも、金星人の設計書に基づいて火星で製造されています[111]」。クレーム氏は何度か、次のように述べてきました。火星は「この太陽系の宇宙船の『工場』です。そこで全宇宙船の九十パーセントがつくられます[112]」。ベンジャミン・クレームの師も、「火星人は最高の宇宙技術者たちである[113]」と述べました。面白いことに、トルーマン・ベサラムも、「火星は偉大な製造惑星です[114]」と述べておりました。さらに、アダムスキーもこう述べました。「私にはわかっているが、火星は科学と工業が高度に発達している[115]」

ステファン・デナエルドが「イアルガ」に関して紹介されたことについての彼の説明を読むとき、彼はこれと全く同じ惑星について描写していたと考えても差し支えないでしょう。「彼らは私に、完全に自動化された二つの工業団地を見せてくれました。一つは車を生産するところで、もう一つは大洋を横断する鉄道橋を生産するところでしたが（……）詳細は省きます。絶えずほめちぎって書かなければならないため、嫌悪感を覚えがちになります。……イアルガ人がどのようにしてそのような機械の怪物を開発し建造することができるのかは、私にとって謎です。彼らはまた、ロボットによる住宅建設の様子を私に見せるのが望ましいと考えました。……私はその申し出について丁重にお礼を言いましたが、そうした自動生産はもう十分に見ていました[116]」

ステファン・デナエルドは、「イアルガ」を別の太陽系に位置付け、「私たちから十光年以上は離れていない[117]」としています。彼はその膨大な人口にびっくり仰天しています——本のある箇所で三千億人としていますが[118]、このようなことは「いくらか不正確な部分も組み込んでください」（20

頁参照)」というホストたちの要求を彼が受け入れた例の一部かもしれない、という可能性を排除することはできません。ここで、ベンジャミン・クレームが火星の人口密度について述べていることを確かめてみると、再び、驚くほどの類似点に直面することになります。「……火星には地球上よりも多くの火星人がいます。地球には約六十七億人が生きています。火星は地球よりも小さいです。火星の人々は地球人よりも小さいです[119]」

「イアルガ」から来たホストたちについて、ステファン・デナエルドはこう書きました。「……行動しているとき、彼らの動きは電光石火のように速く、とてつもない強靱《きょうじん》さを際立たせていました。まるで火山のようでした。休息したあとは、スペイン人を嫉妬させるような活力と気性の波へと突入していました[120]」。彼はのちにこう付け加えています。「お互いに対する振る舞い方には、本当に目を見張るものがありました。女性の近くにいて少なくとも片手を体にまわさない男性は一度も見ませんでした。強く抱きしめることが通常の互いのあいさつの仕方で、これは子供たちにも当てはまりました[121]」。ディーノ・クラスペドンは火星人についてこう述べています。「火星には二つの根本種族があります。一つは色白で、もう一つは色黒です。色白の種族は非常に従順で温厚です。色黒の種族は背が低く、快活な気質をした人々で構成されています[122]」

ベンジャミン・クレームによると、火星は金星と同じ進化の地位にはなく、A、B、Cという三つのレベルもしくは区域を持っています。上位の階層であるA区域では、「人々は神々のような完全な存在です」。これは人類の兄たち、知恵の覚者たちに相当すると推測することができます。B区域には、「まだ完成してはいないが、かなり進化した人々がいます。最低のCの階層の人々は、大して進化していません」[123]。彼はまた、火星の生命体が惑星の濃密物質界に顕現していた時から三百万年が経過したと述べました。このことが意味しているのは、それ以降、火星の生命体はエーテル物質界に存在しているということです[124]。

面白いことに、「イアルガ」の生命体の進化についてもっと曖昧に記述した部分で、ステファン・デナエルドは、進化の線に沿った隔離をほのめかすようなことを言われています。「イアルガでは、地球とは対照的に、種族の生命周期の最中に転生の選別を実行する、顕現した神がいました。その神は絶えず利己的な人々を引き抜き、現在生きている世代の知的偏極を向上させました。利己的な人々は異なった存在状態に置かれ、そこで独自の発達をたどりました。（……）彼らはほかの存在状態において言葉で言い表せないほどの苦しみを作り出した最後の生存グループでした[125]……」。一九八二年の翻訳書ではこう付け加えています。「地球では、雑草は収穫の時までトウモロコシと一緒に成長し、それから選別されます。このため、人類は精神性《メンタリティー》を向上させることができません。あなたがたはいまだに人間の二重性の悪魔的な要素に悩まされており、そこから逃れることはできません。一方、イアルガでは、雑草は常に取り除かれ、それによって悪魔的な要素が中和されます。（……）惑星の諸条件により、人はわがままで反抗的になります。神に従わず、戒律に従わず、良心に従いません。良心を持っていないふりさえします。何事においてももっと分別があるべきです。（……）大きな非利己性は、悪から守られている環境でのみ存在することができます[126]」

このように描写の一部においては、デナエルド氏による「イアルガ」の描写と、ほかの人々による火星の描写との顕著な類似点が明らかになります。コンタクティーから来る情報がその人自身の背景や条件付け、気質によって色付けられるのは必然的ですが、いくつかの情報源から来た通信の特質や「感じ」を比較すると興味深いかもしれません。

例えば、もし「イアルガ」が火星であるとしたら、金星と火星から来たアダムスキーのコンタクト相手からの通信の「色彩」や「調子」は、デナエルド氏のコンタクト相手の通信とどれほど違うのでしょうか。これを見いだすために、向上に対する人間の内的欲求という同じ話題に触れている三つの引用を見てみましょう。これらは、三つの異なった情報源によるものです。

一「あらゆる人類の天性として——たとえその天性がどんなに深く埋もれていようとも——高遠なものにたいして昇華しようという憧れがあります。地球の学校制度はある意味で宇宙の生命の進化の過程にならっています。というのは、地球の学校では学年から学年へ学校から学校へと進み、より高度な充実した教育を受けてゆきます。同様に、人間も惑星から惑星へ、太陽系から太陽系へ進んで、宇宙的な成長と奉仕についてしだいに高度な理解と発達をとげてゆくからです(127)」

二「地球人はもう原初のときのような表現をした人間ではなく、それぞれ分離した生きものになっています。現在彼らは習慣の奴隷にすぎません。だがこうした習慣の中にも神性による表現に憧れようとする本来の魂が閉じ込められています。この隠れた衝動は、習慣というメカニズムによって常習的行為や考えにつながれた人間をかならず根底から揺り動かします。だからこそ、人間自身が気づいている以上にしばしば、人間の実体の奥底で生きているあるものが、より以上に美しく偉大な表現を求めながら、習慣で縛られている自分を不安な落ち着かない状態にしているのです[128]」

三「個人性は、自己中心性、貪欲、欲深さとして表れます。物質的な目標を常に追い求めるなかで、一定の満足は得られますが、その目標が達成されると、その満足は相対的で短期間しか続かず、ほかの人が持つものとの比較の対象にしかすぎないことが明らかになります。したがって、それは次の目標へと、通常はもっと高い収入やもっと高い地位へと続いていきます。その追求が続くのは、満足は追求の中にしか存在しないからです[129]」

最初の引用文は、ジョージ・アダムスキーの本『第２惑星からの地球訪問者』からのもので、彼はここで金星の覚者《マスター》の言葉を引用しています。ベンジャミン・クレームは金星のことを太陽系内で最も進化した惑星の一つであると述べています。二番目のものは同じ本からですが、火星から来たアダムスキーのコンタクトの相手、ファーコンが語ったものです。一方、三番目の引用は、「イアルガ」から来たステファン・デナエルドのコンタクトの相手からのものです。最初と二番目の引用文は、同じくらい高位の情報源から来ていることを示しています。その一方で、三番目のものは鋭い洞察を明らかにしているものの、著しくより単調です。ベンジャミン・クレームによる火星の描写を基にすると、このことは、アダムスキーの火星人のコンタクト相手はその惑星のＡ区域から来て、デナエルドのコンタクト相手は火星のＢ区域から来たという可能性を示唆しているように思えます。読者は今や、ベンジャミン・クレームが質問に答えて、この後者の推測を確認したということを知っても驚かないでしょう[130]。

明らかに、ＵＦＯという主題全般と同様に、公のコンタクトが行われる時まで、あるいは私たちがエーテル視力を開発する時まで、決定的証拠はあり得ません。しかし、ここで明らかにされたように、異なった源からの情報を比較し、統合することによって、興味深い推測を成り立たせることができます。（付録Ｉも参照）

注

（１）クレーム『世界教師と覚者方の降臨』三一〇頁

（２）アルベルト・ペレーゴ『われわれの中で活動する他の惑星の飛行物体――イタリア人への報告、一九四三〜六三年（*L'aviazione di altri pianeti opera tra noi: rapporto agli italiani: 1943-1963*）』一九六三年、原書五三四頁

（３）クレーム『光の勢力は集合する』四九頁、五二頁（一部改訳）

（４）同書 四三頁

（５）アダムスキー『第２惑星からの地球訪問者』二六〇頁

（６）ネルソン『火星、月、金星への旅行』原書八頁

（７）ベサラム『空飛ぶ円盤に乗って』原書八五頁

(8)メンジャー『宇宙からあなたへ』原書一〇〇頁
(9)同書一六三頁
(10)アダムスキー『UFO問答100』問100、一六〇〜一六一頁
(11)アダムスキー『第2惑星からの地球訪問者』三二七〜三二八頁
(12)同書一七二頁(一部改訳)
(13)デナエルド『地球存続作戦』原書三〇頁
(14)アダムスキー『UFO問答100』問100、一六一〜一六二頁
(15)ネルソン『火星、月、金星への旅行』原書五〜六頁
(16)同書一六頁
(17)メンジャー『宇宙からあなたへ』原書一六三頁
(18)ベサラム『空飛ぶ円盤に乗って』原書五八頁
(19)同書七二頁
(20)同書一三七頁
(21)ネルソン『火星、月、金星への旅行』原書一三頁
(22)メンジャー『宇宙からあなたへ』原書五八頁
(23)アリス・ベイリー『秘教治療(下)』AABライブラリー、二〇一一年、二〇三頁
(24)ステファン・デナエルド『惑星イアルガからのコンタクト』原書九一頁
(25)同書六五頁
(26)アダムスキー『UFO問答100』問10、二五頁(一部改訳)

(27) アダムスキー『ＵＦＯ問答100』問9、二三頁（訳注＝同書の訳者である久保田八郎氏は文中の注において、原文にある millions of years ago を「遠い大昔」と訳出した理由を述べているが、本書ではその注を省いた）
(28) ネルソン『火星、月、金星への旅行』原書一一頁
(29) バリオス『アミ 小さな宇宙人』五五頁
(30) アダムスキー『第２惑星からの地球訪問者』一九六頁
(31) 同書二三七頁
(32) デナエルド『地球存続作戦』原書五九〜六〇頁
(33) 同書 四五頁
(34) フライ『アランによる地球人への報告』、『ホワイトサンズ事件』原書八七頁
(35) 同書 九一〜九二頁
(36) ブラント委員会報告／森治樹監訳『南と北 生存のための戦略』日本経済新聞社、一九八〇年、一八頁
(37) クレームの師「優先順位の立て直し」一九八九年、『覚者は語る』二二八頁
(38)「世界人権宣言」、www.un.org/en/documents/udhr/ で閲覧可能
(39) ベンジャミン・クレーム／石川道子訳『大いなる接近——人類史上最大の出来事』シェア・ジャパン出版、二〇〇一年、四三〜四四頁
(40) アダムスキー『ＵＦＯ問答100』問19、三三頁
(41) アダムスキー『第２惑星からの地球訪問者』一七二頁（一部改訳）

(42) アダムスキー『UFO問答100』問18、三二～三三頁
(43) デナエルド『地球存続作戦』原書四三頁
(44) デスモンド・レスリー／ジョージ・アダムスキー『空飛ぶ円盤は着陸した（*Flying Saucers Have Landed*）』一九七〇年、増補改訂版、原書二四二頁
(45) バリオス『アミ 小さな宇宙人』一五七頁
(46) 同書 一五八頁
(47) 同書 一九〇～一九三頁
(48) デナエルド『地球存続作戦』原書四一頁
(49) 同書 四九頁
(50) メンジャー『宇宙からあなたへ』原書一六五頁
(51) 同書 一六三頁
(52) デナエルド『惑星イアルガからのコンタクト』原書六四頁
(53) デナエルド『地球存続作戦』原書四九頁
(54) 同書 四九頁
(55) 同書 五八頁
(56) 同書 六三頁
(57) 同書 三八頁
(58) 同書 四三頁
(59) 同書 四三～四四頁

(60) 同書 四四頁
(61) 同書 四七頁
(62) 同書 四六～四七頁
(63) 同書 四八頁
(64) 右に同じ
(65) 右に同じ
(66) デナエルド『惑星イアルガからのコンタクト』原書六五頁
(67) デナエルド『地球存続作戦』原書四七頁
(68) デナエルド『惑星イアルガからのコンタクト』原書六四頁
(69) デナエルド『地球存続作戦』原書五二頁
(70) バリオス『アミ 小さな宇宙人』一八六頁
(71) 同書 一九五頁
(72) 同書 一五五頁
(73) アダムスキー『第2惑星からの地球訪問者』三三三頁
(74) 同書 二六二頁
(75) 「金星人とは」一九六四年、ジョージ・アダムスキー／久保田八郎訳『金星・土星探訪記』中央アート出版社、一九九〇年、二五七頁、およびゲラード・アートセン／大堤直人訳『ジョージ・アダムスキー——不朽の叡智に照らして』アルテ、二〇一二年、一五九頁
(76) アダムスキー『第2惑星からの地球訪問者』一八八～一八九頁

(77)同書二六三頁
(78)同書二七九～二八〇頁
(79)デナエルド『地球存続作戦』原書二四頁
(80)同書三九頁
(81)バリオス『アミ 小さな宇宙人』一九三～一九四頁
(82)ネルソン『火星、月、金星への旅行』原書一〇～一一頁
(83)バリオス『アミ 小さな宇宙人』一六二頁
(84)デナエルド『地球存続作戦』原書三八頁
(85)同書三二頁
(86)同書二四頁
(87)同書五八頁
(88)同書五四～五五頁
(89)同書六二頁
(90)同書九二頁
(91)同書五八頁
(92)バリオス『アミ 小さな宇宙人』一九四頁
(93)アダムスキー『ＵＦＯ問答100』問11、二五～二六頁
(94)アダムスキー『ＵＦＯ問答100』問45、七三～七四頁
(95)デナエルド『地球存続作戦』原書六一頁

(96) デナエルド『惑星イアルガからのコンタクト』原書九二頁
(97) アダムスキー『第2惑星からの地球訪問者』二九九頁
(98) マイトレーヤ、クレーム伝『いのちの水を運ぶ者』二八頁、メッセージ第三信(一九七七年九月二十二日)
(99) バリオス『アミ 小さな宇宙人』原書九九頁(訳注＝この邦訳では該当箇所が見つからなかったため、新たに訳出した)
(100) スミス『ボーイズ・フロム・トップサイド』原書二九頁

イアルガ、オフィル、クラリオン

(101) ベサラム『空飛ぶ円盤に乗って』原書八三頁
(102) 同書 一〇三頁
(103) クレーム、質問に対する回答、シェア・インターナショナル誌二〇一四年八月号、二七頁
(104) クラスペドン『空飛ぶ円盤とのコンタクト』原書二九頁
(105) ベンジャミン・クレーム／石川道子訳『マイトレーヤの使命・第三巻』シェア・ジャパン出版、二〇〇九年、三六一頁
(106) クラスペドン『空飛ぶ円盤とのコンタクト』原書二九頁
(107) クレーム、編集者注、シェア・インターナショナル誌二〇〇九年三月号、四八〜五〇頁
(108) クラスペドン『空飛ぶ円盤とのコンタクト』原書一九〇頁
(109) 同書 一九一頁

(110)クレーム『大いなる接近』一九八頁
(111)クレーム『光の勢力は集合する』七四〜七五頁（一部改訳）
(112)クレーム「読者質問欄」シェア・インターナショナル誌二〇〇九年九月号、四五頁
(113)ベンジャミン・クレームの「覚者とのインタビュー」、クレーム『マイトレーヤの使命・第三巻』二〇九頁
(114)ベサラム『空飛ぶ円盤に乗って』原書八五頁
(115)ジョージ・アダムスキー／久保田八郎訳『ＵＦＯの謎』中央アート出版社、一九九〇年、一三四頁
(116)デナエルド『惑星イアルガからのコンタクト』原書五五〜五七頁
(117)デナエルド『地球存続作戦』原書二七頁
(118)同書　三二頁
(119)クレーム「読者質問欄」シェア・インターナショナル誌二〇〇九年九月号、四五頁
(120)デナエルド『地球存続作戦』原書二四頁
(121)同書　五六頁
(122)クラスペドン『空飛ぶ円盤とのコンタクト』原書一九〇頁
(123)クレーム『光の勢力は集合する』七四頁
(124)同書　七三〜七四頁
(125)デナエルド『地球存続作戦』原書一〇三頁
(126)デナエルド『惑星イアルガからのコンタクト』原書八八〜八九頁
(127)アダムスキー『第２惑星からの地球訪問者』一九〇〜一九一頁

(128) 同書二二六〜二二七頁
(129) デナエルド『地球存続作戦』原書六一頁
(130) クレーム、質問に対する回答、シェア・インターナショナル誌二〇一四年八月号、二七頁

他の惑星での生活（156〜159頁）

a．メンジャー『宇宙からあなたへ』原書一六二頁、および、アートセン『スペース・ブラザーズ』一九九頁
b．クレーム『大いなる接近』一九〇頁
c．メンジャー『宇宙からあなたへ』原書一二六〜一二七頁
d．アダムスキー『ＵＦＯ問答100』問12、二七頁
e．アダムスキー『進化した宇宙人と他の惑星に関する質疑応答集』一一頁
f．アートセン『スペース・ブラザーズ』一三八〜一四三頁
g．メンジャー『宇宙からあなたへ』原書八四頁
h．アートセン『スペース・ブラザーズ』一三六頁
i．スティーブ・コナー「不可視の平行宇宙に光を投げかける銀河衝突」インデペンデント紙、二〇一五年三月二十六日、www.independent.co.uk/news/science/the-galaxy-collisions-thatshed-light-on-unseen-parallel-universe-10137164.html で閲覧可能［二〇一五年三月二十七日にアクセス］

第四章　新しい文明――私たちが道を開かなければならない

「アクエリアス（宝瓶宮《ほうへいきゅう》）星団の新しいエネルギーは、日ごとにその力を強めており、すでにその存在を感じさせ、現在世界的規模で起こっている変化の背後にある。これらの変化はアクエリアスのエネルギーの特質を、内的な特性を、反映しなければならないし、反映するであろう――すなわちその特性とは『統合』である。これらの統合のエネルギーは、われわれの多様多面な生活の異なった糸を融合し混合しつつ、人類をその一体性についての認識、大計画における人類の役割についての正しい理解、そしてその大計画を現象の世界において正しい関係の中で顕現する能力に気づかせていく役割を持つ[1]」

シェア・インターナショナル誌の一九八二年一月の創刊以来、毎号同誌に記事を寄せてきたベンジャミン・クレームの師は、太陽系がパイシス（双魚宮）星団からアクエリアスへと移行し整列することによるこの新しい宇宙周期の始まりにおいて惑星に入ってくる、新しいエネルギーの三重の効果をこのように大まかに示しています。本章で見ていくように、何人かのコンタクティーもこの事実を認めています。

この差し迫っている「新しい時代《ニューエイジ》」については、多くの人が気づいているか耳にしたことがあるでしょう。それを純粋に神秘的な観念だとして却下する人々でさえ、この新しい宇宙的な整列という事実を否定することはできません。遠く離れた星団がここ地球での出来事の行方に影響を与える異なったエネルギー特質を自分たちにもたらしているということを彼らは否定するかもしれませんが、これは理解できることです。というのは、人類はまだ、およそ二千百五十年間続くアクエリアスの周期を生きていないからです。地球の現状が個性と理想主義というパイシスの特質の過度の強

調を立証しているのと同じような形で、この周期の間に、アクエリアスの影響は現れてくるでしょう。(2)

しかし、人々が本領を発揮しつつあり、当局の話を額面通りに受け入れようとしないだけでなく、一致結束して行動した時の自分たちの強さを認識しつつあることを否定することもまた、同じくらい難しいでしょう。最近の歴史においては、こうした傾向を示す様々な劇的な事例が見られます。一九八九年から一九九〇年にかけて東ヨーロッパの人々が抑圧的な国境検問所を造作なく乗り越えて西ヨーロッパに流入した例、多くの南アメリカ諸国、インドネシア、その他の国における軍政からの民主的移行、「アラブの春」「ウォール街を占拠せよ」「怒れる者たち」のような運動で表現された自由と正義を求める大規模な要求、さらには、本書の執筆時点でも見られる、有刺鉄線や壁や海によっては全く阻止し得ない難民と移民の波などが、そうした事例です。こうした民衆の力の現れの結果が一時的なものであったり、見えなかったりしたとしても、重要なのはそれが起こったということです。結局のところ、共産圏の没落が示したのは、正しい時機と正しい民衆が正しい衝動のもとに融合したとき、考えられなかったことさえ可能になるということです。

今日の世界でソーシャルメディアが普及するかなり前に、金星の覚者《マスター》がアダムスキーに次のように告げたのは、この理由のためです。「地球人は地球全体にいかに早く変化が起こり得るかを知ったら驚くだろうと思います。あなたがたは世界中に放送の媒体をもっているのですから、疑惑や非難のかわりに万人にたいする愛と寛容をうながすメッセージを流すならば、受容的な人が出てくるかもしれません。地球人の大部分は闘争とその後に残る悲哀でいやになっているからです。彼らは自分たちを救ってくれる生き方の知識をかつてないほどに渇望していることを私たちは知っています(3)」

それでは、私たちはどこから始めたらよいのでしょうか。前述のように、それは認識から始まります。バリオスの本の主人公アミは、私たちは目を大きく開いたまま寝ているという、心をくすぐるような洞察を提供しています。「人生には少しもすばらしいことがなく、きけんなことばかりでいっぱいだと思いこんでいる。潮騒《しおさい》も耳に入らなければ夜の香りも感じない。歩いていることも、ほんとうに〝見る〟とはどういうことなのかの認識もない。呼吸することも楽しまない。きみは、いまは催眠状態にいるんだよ。否定的な催眠状態だ。ちょうど戦争をなにか〝栄光〟のように感じているひととか、自分の考えに同意しないひとをみな敵だとみなしているひととか、制服を着ているだけでなんだかえらくなったように感じているひととおなじようにね。これらのひとたちはみな、催眠状態だ。催眠状態にかかっていて、深くねむっているんだ。もし、人生やその瞬間が美しいと感じはじめたとしたら、そのひとは目ざめはじめているんだ。目ざめているひとは、人生は、すばらしい天国であることを知っていて、瞬間、瞬間を満喫《まんきつ》することができる……でもあまり多くのことを未開文明に要求するのはよそう(4)」

したがって、金星人の覚者《マスター》がアダムスキーに告げたように、「あなたは地球の同胞の心に、自己を理解することが第一の要件だということを極力印象づける必要があります。そこでまず疑問が起こります。〈自分とはだれなのか? いま自分ははずれてしまったけれども元の一体性へ帰るためには、いかなる径路を通じてそれをあらわせるのか(5)〉」。ハワード・メンジャーも同じことを言われています。「人は、自分が何なのか、どこから来たのか、この惑星での自分の本当の目的は何なのかを知らなければなりません(6)」

宇宙からの訪問者たちが絶えず言及しているのは、私たちがそこから由来し、私たちの存在が依拠している神聖な原理もしくは原因との、こうした一体性です。ダニエル・フライのコンタクトの場合も、そうした言及がありました。「人類は……どこで、いつ存在するようになったにせよ、人間の理解能力を超えた無限の知性と至高の力があるという内的認識を授かっています。発達上の多くの段階の間、この力に対する人間の態度は、恐れと憤りから、敬意と愛へと変わるかもしれません。しかし、人間は常に、自分の霊的側面とこの力の創造的領域をもっと知りたいという本能的な欲求を抱いてきました(7)」。そして、「人間の心《マインド》が理解力を増し、霊的な意識が進化するにつれて、人間同士の協力といわゆる神の霊的な愛を通してのみ、日常生活の状態を効果的に改善することができるという事実に気づくようになります(8)」。この理由により、アミはこう述べています。「外部にはらうのとおなじくらい、自分じしんに注意をはらっていたら、たくさんのことが発見できるんだよ……(9)」

これは、過去六十年～七十年に何百万もの人々が脱却した単純すぎる宗教観への回帰の呼びかけではないことに注意しましょう。まさしく、アダムスキーは土星の母船に乗船中にこう物思いにふけります。「世界中の大多数の人が背後にひそむ諸原因に目覚めていないのだ。ある程度の充分な数の人が自己の本質を認識し、魂の底から個人の貪欲と自己尊大の欲求を捨てることによって自分を変化させようとするときにのみ、改善が実現するのである(10)」

同じように、ダニエル・フライのコンタクトの相手は彼にこう言います。「あなたがたの哲学の書物は、人は自分の隣人を愛し、敵を許すべきだと述べています。しかし、私たちの書物は、もし人が隣人を理解し、隣人がその人を理解するなら、二人は決して敵にはならないだろうと述べています。同胞の人間を理解するには、自分をその人の立場に置き、その人が見るように物事を見る能力が要求されます。知識と理解には大きな違いがあります。知識は頭から来ますが、理解は心《ハート》から来ます(11)」

自分自身を理解し、知るとき、私たちは次のことを認識するだろう、とフライのコンタクトの相手は彼に言います。「地球のすべての人の必要や欲求、希望や恐怖は実際には同一のものです。この事実がすべての人の理解の一部になるとき、『一つの世界』の建設のための健全な礎を築くことになるでしょう。そのような世界について、政治家は軽薄にぺらぺらと語り、霊的な指導者はとても物憂げに語ります(12)」

アダムスキーのコンタクトの相手は、再び彼に次のことを思い起こさせます。「地球以外の世界に住む兄弟としての私たちは、地球の分裂した各グループの人々を公平に見ています。宇宙を通じて働いている、私たちの〝父〟の法則について多くを知っている私たちは、あなたがたをこのようなたえまのない動乱の中に閉じ込めるような差別待遇をするわけにはゆきません。地球で発生している状態を見て私たちは悲しんでいます。全人類の兄弟として私たちは、私たちの手が届くことのできる人で、しかも私たちの援助を望んでいる人のすべてを喜んで援助するつもりです。しかし、地球人にたいして私たちの生き方を強制するつもりは全然ありません(13)」。これは、ダニエル・フライが言われたことを裏付けています。「もし私たちが双方［アメリカとソ連］に同時に着陸するとすれば、その結果として……現在の人類を軍備増強へと駆り立てるでしょう。しまいには、私たちが阻止しようと試みている大虐殺《ホロコースト》そのものを引き起こしてしまうでしょう」

「私たちは道を指し示し、あなたがたが愛と協力という英知を理解するのを助けるでしょう。さらに、私たちはできる限りの支援を行うつもりです［しかし、私たちがコンタクトをとっているあなたやほかの人々はこの言葉を広め、あなたの世界が理解するのを助けなければなりません］。あなたがたの子供たちが待望する未来を持てるかどうかは、あなたがた自身の努力の成功に大きく依存しています」[14]。さらに、分離が病気の原因であることを確認しつつ、次のように述べています。「地球上での核戦争の可能性は問題ではなく、症状にすぎません。症状だけを手当てしながら、病気を治した人はおりません」[15]

疑念が残らないように、アダムスキーは聴衆に対してこう指摘しました。「人々のなかには、スペースピープルは核戦争の場合や大災害発生時などに〝少数の選ばれた人〟を救うために来るのだという誤った考えを持っている人がありますが、これは完全な間違いです。大災害発生時にスペースピープルが近くにいれば、可能なら救出に全力を尽くすかもしれませんが、彼らは実際には、地球人がみずから作り出してその中に自分自身をおいてしまった状態から救い出すために来るのではありません。各惑星、各個人は自分で自分自身の諸問題を解決することによって、自分の宿命を果たさねばならないのです」

「同胞愛の法則がはるかな大昔から私たちに伝えられてきました。ブラザーズはこの法則を生かしています。したがって彼らがどこかの諸民族を救うならば、ただの〝少数の選ばれた人〟ではなくなります。それは手の届く範囲内の万人ということになるでしょう。彼らは差別をしないはずです。彼らは地球人の人種的宗教的差別をしないことを覚えておいて下さい[16]」

ダニエル・フライのコンタクトの相手、アランは彼にこう説明しました。「宇宙にあるすべての文明は主として、それがどこでいつ生起するにしても、知識と理解が絶えず増大することを通して成長します。それは『科学』の追求がうまくいく結果です」。しかし、「科学」という言葉は、今日広く見られる還元主義的なアプローチよりもずっと広い範囲を持っている、と彼は説明します。さらに続けて、それを「秩序立って知的に方向付けられた、真理の探求」と定義しています。アランは科学を、(一) 物質科学、(二) 人間同士の関係を説明する社会科学、(三)「人間と偉大な創造的力、自然界すべてにおいて浸透し統御している無限の知性との」関係を扱う霊的科学、という三つの主要な部門に分けています。

「宇宙の科学のすべて、真理の探求と理解の追求のすべては、この三つの項目もしくは区分の一つに入ります。それらの間に明確な境界線を引くことはできません。重なり合う時期があるからです。しかし、三つすべての部門を支配する根本的な法則は同じです。宇宙のどんな文明でも、きちんと成功裏に発達するためには、科学の三つの部門のそれぞれを同じくらいの努力と勤勉さで追求しなければなりません」。私たちが現在、物質科学に強調を置いているのとは裏腹に、アランはこう言います。「しかし、霊的科学と社会科学が最初に来なければなりません。霊的、社会的科学の固い礎を最初に築くまでは、物質科学の信頼できるような発達はあり得ません」[17]

社会科学――同胞の人間と適切に関係するための科学――が学問に限定されるのではなく、実践されるべきだということは、すべての当初のコンタクティーの説明を貫いている共通のテーマです。例えば、ジョージ・アダムスキーは聴衆にこう語りました。「一つだけ断言できることがあります。スペースピープルは地球人の個人的好奇心を満足させるために来るのではないという事実です。私が聞いたところでは、現在私たちがなし得る最上の方法は、人間同士が互いにもっと尊敬し合いながら生き始めることにあるということです。このような生き方が世界中で行われるならば、人種間の恐怖や敵意は減少するでしょうし、万人の向上を求めて働ける肥沃な畑を残すことになるでしょう。しかしこの最終的な成功は各個人にかかっています（……）」

「私たちは皮膚の色や社会的地位のいかんにかかわらず、同胞を尊敬しながら謙虚に生きることを学ぶ必要があります。しかしこれは各人、各国家が個々に解決しなければならぬ問題です」[18]。言い換えれば、本当の変化は内面からしか起こり得ず、しかもそれを外に現した場合にのみ可能になるということです――正しい人間関係やその他のものについての認識を得たとしても、私たちがほかの人々との関係の仕方においてそれを表現しない限り、全く意味はないと言えるでしょう。

そのような変化の効果は計り知れない、と彼は付け加えています。「各個人というものは影響力を放つ中心なのであって、その影響範囲はだれも正確にはわかりません。あなたの想念を観察して、それが本当に自分の受け入れようとしているタイプの想念であるかどうかを調べなさい。もし違うようならば、それをあなたの高次な憧憬《あこがれ》の想念と同じになるように変えなさい。自分の心《マインド》の主

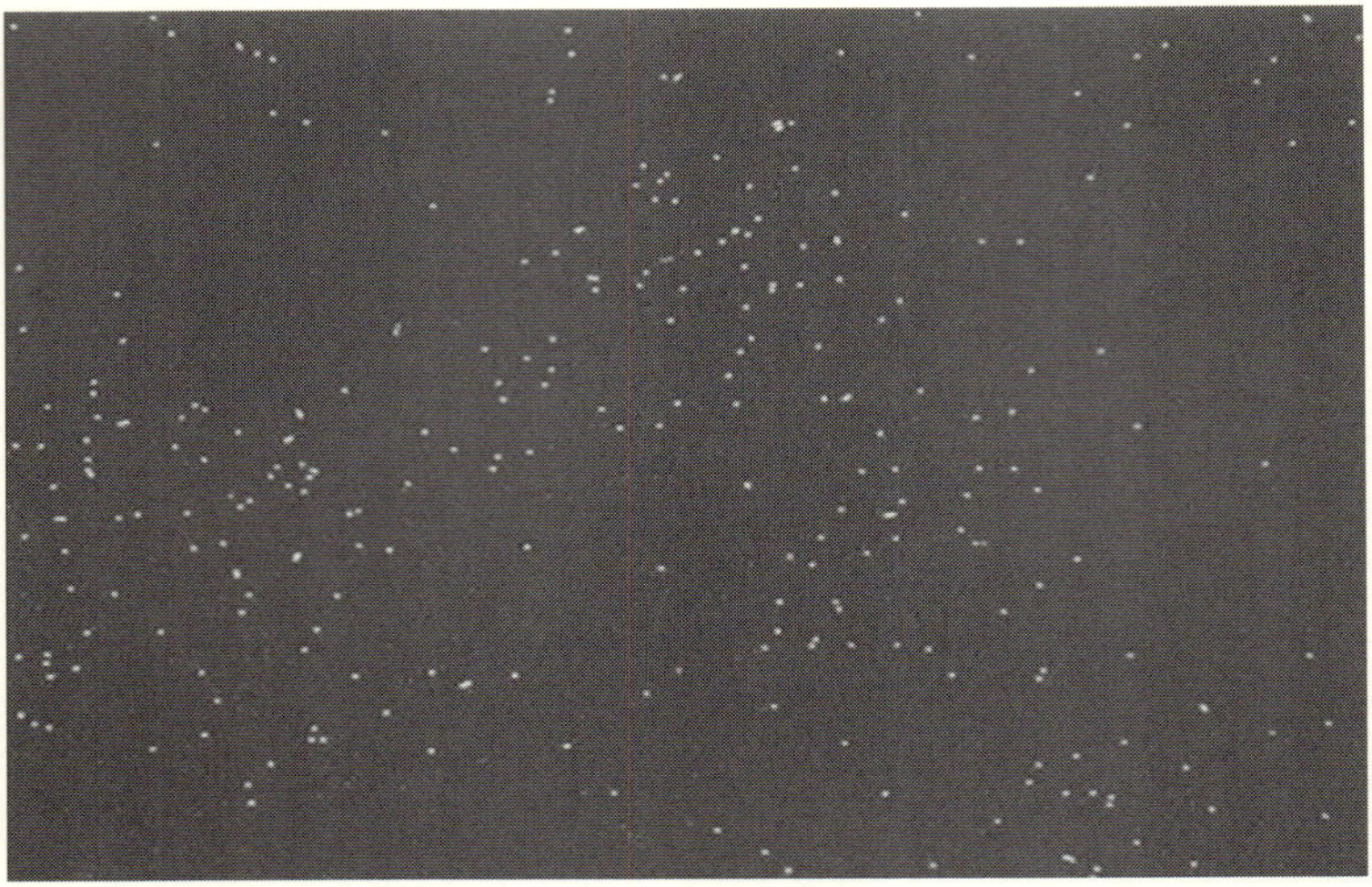

2011年10月23日にメキシコのグアダラハラ上空で目撃された1,500機のUFOの巨大な船隊。

人になりなさい。奴隷になってはいけません。他人――すなわち仕事で接する人たち、友人、見知らぬ人、自分の家族の人たちに対する自分の態度を観察しなさい。ある人々には丁寧で、別な人々には寛大でありながら、最も親しい人々と論争をしてはいませんか。それともあらゆる人々に対して平等に思いやり深くて親切にしていますか。全体的にこの世界は数十億の個人から成っており、各個人は行動を拡散する中心部分です。そして各小部分が万人と協力して調和して釣り合わぬ限り、全体は変化できません。私たちはこのことを人間の家族において〝人類の兄弟愛〟として心得ています[19]」

新たな、あるいは帰還した教師（96～99頁参照）による更なる啓示の期待や、他人にしてもらいたいように他人にしなさいという戒律（付録Ⅱ）と同じように、意識の移行もしくは拡大という概念もまた、すべての主要な宗教

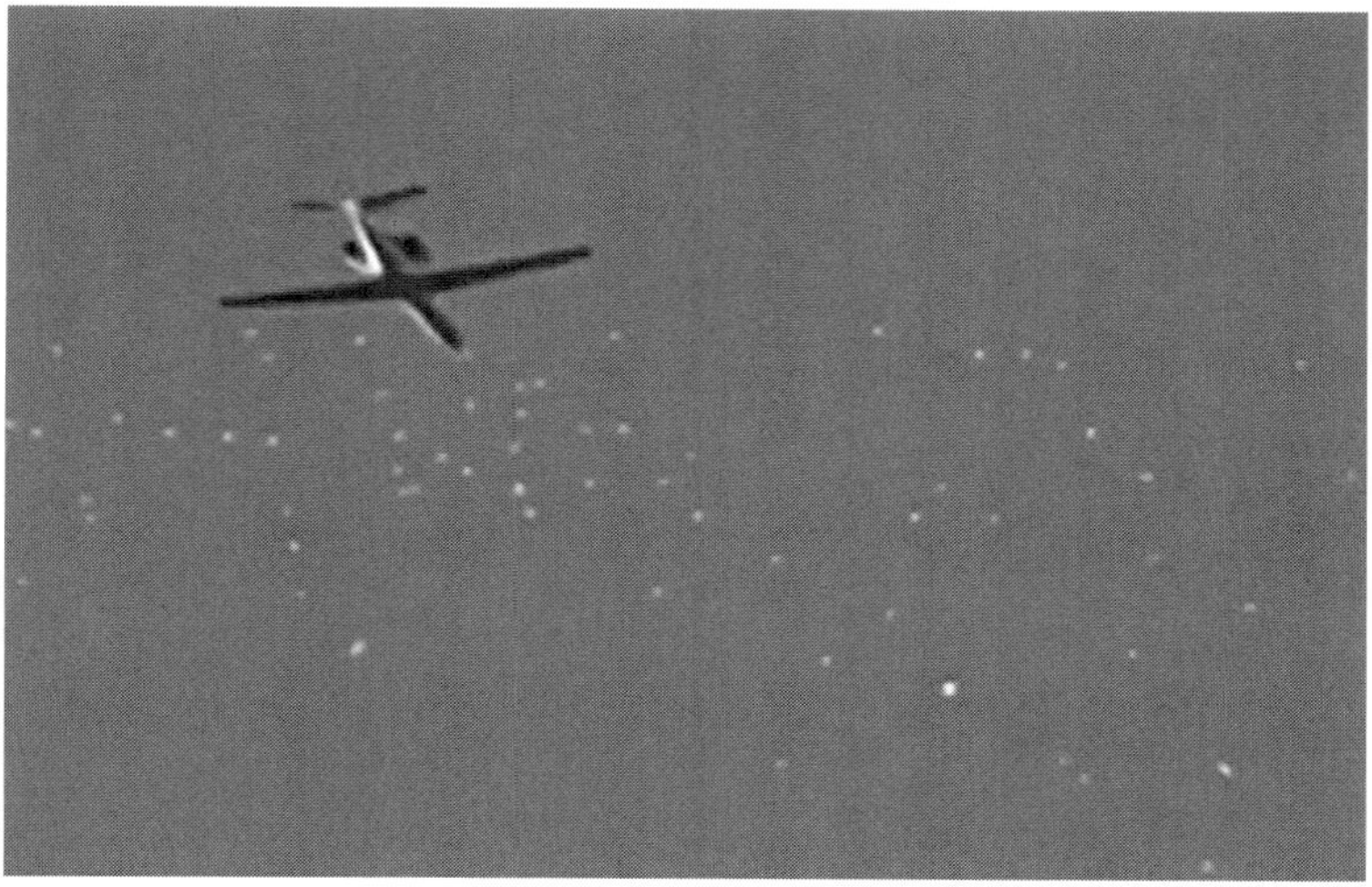

2011年8月13日にアメリカのカリフォルニア州サクラメント上空で見られた規模不明の船隊。

によって共有され、個人の発達にとって欠かせないものと認識されています。『存在——人間の目的と将来の領域』という本は、意識の移行というアイディアが様々な伝統においてどのように表現されているかに関して、興味深い簡潔な要約を提供しています。秘教的なキリスト教の伝統では、それは「恩寵《おんちょう》」もしくは「天啓」と関連しています。道教は、活力エネルギー（精）を精妙な生命力（気）と霊的エネルギー（神）へと変換することについて述べています。仏教徒は、「無心」の境地や「悟り」を求めて努力します。ヒンズー教では、それは「一体化」と呼ばれ、イスラム教神秘主義では、それは「心を開くこと」として知られています。[20] 金星人の覚者《マスター》はそれをこう表現しました。「他の世界の生命の目的は基本的には地球人のそれと同じです。あらゆる人類の天性として——たとえその天性がどんなに深く埋もれていようとも——高遠なものにたいして昇華しようという憧れがあります。地球の学校制度はある意味で宇宙の生命の進化の過程にならっています。というのは、地球の学校では学年から学年へ学校から学校へと進み、より高度な充実した教育を受けてゆきます。同様に、人間も惑星から惑星へ、太陽系から太陽系へ進んで、宇宙的な成長と奉仕についてしだいに高度な理解と発達をとげてゆくからです(21)」

したがって、教えの周囲で肥大化した組織宗教の限定された解釈のせいで、教えを却下するのではなく、私たちはもう一度、教師たちに耳を傾ける理由を見いだすことになります。

世界経済の崩壊とともに人類は正気に返り、ベンジャミン・クレームの師が述べているように、「人々は人類の一体性を認識するようになるだろう。（……）分かち合い、正義、自由は、未来の強力なシンボルとして、すべての者の生得の権利として、正しい関係への道として、人間の心《マインド》に育っていくだろう(22)」

まさしく、私たちが取り戻した一体性の感覚と、同胞の人間を包み込むまで拡大した意識に表現を与えたいとしたら実施する必要のある、最初の取り組みの一つは、地球上のすべての男女と子供に基本的な生活必需品を供給するために、入手できる食料、天然資源、技術的なノウハウ、エネルギーなどを適切に再分配することでしょう。しかし、これは一夜にして生じる――現実の、あるいは想像上の――楽園を意味するわけではありません。チベット人のDK覚者が示唆しているように、「『分かち合いの原則』が新しい文明を突き動かす、広く認知された概念になるであろう。これには美しくて甘ったるい人道的な態度は必要ではない。世界はまだ利己的で身勝手な人で溢《あふ》れているであろうが、世論がその力を増大させ、幾つかの基本的な理想が世論によって企業に押し付けられ、企業を突き動かすようになるであろう。新しい一般観念は相互に作用するご都合主義に左右される場合が多いという事実は基本的に問題にはならない。重要なのは分かち合うことである」[23]

人類や世界全体がまだ、世界から不正義を取り除くために必要な信頼を創造する鍵としての分かち合いの原則を受け入れるには至っていないものの、目には見えず大体において報道もされないけれども、小さな規模でこの原則を実施しようとする動きがますます大きくなっています。

一つの顕著な例は、地域社会が資源の枯渇に対処するためにカーボンフットプリント（二酸化炭素排出量）を削減し廃棄物を減らす責任を分かち持つ「トランジション・タウン」運動です。この運動に関する記事の中で、創設者の一人、ロブ・ホプキンズはこう述べています。「気候変動と資源の枯渇に直面し、大きな変化が起こらなければならないことを人々は知っています。この運動は、『政府が解決を図ろうとしないことは分かっているので、庶民としての私たちに何ができるだろうか』と問いかける友人や近所の人たちから始まりました」。環境ジャーナリストであるスティーブン・リーヒーはこう書いています。ポルトガルでは、「失業率が二十パーセントを超え、賃金が下げられているため、トランジション・タウンは、お金を使う必要を減らすことに焦点を当てています。ある小さな町は、三日間お金を使うことを禁止しました。その代わりに、人々はサービスを分かち合ったり交換したりしました。（……）今［二〇一三年時点］では、千以上の地域社会が、ボランティアによる非営利運動であるトランジション・タウンに関わっています。こうした地域社会は、食料や水、エネルギー、文化、健康における地元の回復力と自給自足率を高めながら、化石燃料への依存を減らす独自のやり方を発明しています」。リーヒー氏は、何人かの活動家の中で特にセリーヌ・ビルソンの言葉を引用しています。彼女は、フランス・ブルターニュ地方にあるサン＝ジル＝デュ＝メーヌという小さな田舎の村の再生可能エネルギー委員会のメンバーです。その村は今、村で必要なエネルギーの三十パーセントを再生可能なエネルギー源から得ています。「研究を行うのに時間を費やしませんでした。ただ反応したのです。ただやるだけです[24]」。トランジション・タウン運動はその発足以来、世界規模のトランジション・ネットワークへと成長し、参加者が「つながり、創造し、分かち合い、祝い合う[25]」年次国際会議を開催するまでになっています。

すべての人の食料安全保障に向けた分かち合いの原則の実施に関しては、飢餓撲滅と社会的権利のための活動家ホセ・ルイス・ヴィヴェロ・ポルが、広く行き渡っている市場の論理の外で食料を生産し、交換し、消費する組織的なやり方で人々が力を結集している素晴らしい事例を挙げています。そうした事例は、「アメリカでの、地域社会に支えられた農業、スペインやフランスでの共同購入グループ、ベルギーでの、食べ物が自由に入手できる都市農園などです。こうした地元での身近なつながりが至るところに見られます。消費者と生産者は、より良い食料を生産し消費するために組織的に行動しています」。彼はこう付け加えています。「こうした取り決めはどれも、人間社会にとって新しいものではありません。何千年もの間、人間は食料を生産するために伝統的な共同活動を組織してきました。世界中で、特にアフリカとアジアで、共同で管理される天然資源や土地区画などの共同財産を見つけることができます。そのような理由から私が主張したいのは、「商品から共有財産への」食料システムの変換に関するこうしたアイディアは、単なる理論上のものとか、ナイーブな希望的観測ではないということです。食料のための共同行動は、先進国や開発途上国においてすでに進行中のものです[26]」

チアゴ・スタイバーノ・アルベスはシェア・インターナショナル誌で、南アメリカの最近の発展について書き、「上司のいないビジネス」運動の台頭のことを説明しています。「現代の企業経営と人的資源の多くの理論は、会社や工場における労働者の重要性について述べていますが、実際のところ、生産、給与、販売方針に関する決定には、従業員は限定された参加しか許されていません」。しかし、ここ数十年で世界に新しいモデルが出現してきた、と彼は述べています。「そのモデルはまだ比較的少数ですが、その成長は労働界で出現しつつある新しい意識――より平等主義的で、より参加型で、社会的責任を果たそうとする意識――を示しています。それはまた、そのような実験が労働者と地域社会に利益をもたらしていることを示しています」。彼は次に、ブラジル、アルゼンチン、ベネズエラでの「上司のいないビジネス」の多くの例について説明しています。そうしたビジネスにおいては、「通常は労働者集会を通して、労働者が生産、給与、販売の方針を決定します」。アルベス氏によると、ラテンアメリカやその他のいくつかの国では、「労働者による会社の所有は、徐々に進行する労働の規制緩和に対して自分たちの権利を守る強力な方法となっています[27]」

生活協同組合というアイディアは、もちろん、何ら新しいものではありません。その多くは一般的に小・中規模の事業ですが、よく知られていて成功も収めた大きな協同事業もあります。一九二〇年代初期にロンドンで創設されたジョン・ルイス・パートナーシップは今や、九万人のパートナーを抱え、四十四軒の店舗と三百軒のスーパーマーケット、オンラインやカタログ販売の事業、生産単位や農場を所有し、すべてのパートナーが恩恵や利益を分かち合っています。パートナーシップは独自の規約を持ち、会員の幸福がパートナーシップの究極の目的であると述べられています。また、そうした幸福は、うまくいっている従業員所有の事業で満足のゆく仕事に就いているかどうかにかかっていることが認識されています。規約では「権利と責任」のシステムも確立されており、「説明責任、透明性、誠実を確保するために抑制と均衡をもって」[28] パートナーシップの経営を行う仕組みが定められています。ジョン・ルイスでの最高賃金と最低賃金の仕事の賃金比率、七十五対一は依然として、前章で描写した「イアルガ」の平等性からは程遠いにしても、四百二十二対一や三百二十三対一というような、最高経営責任者（CEO）と労働者のとんでもない賃金比率[29] ほどは歪んでいません。こうした賃金比率は、熾烈《しれつ》な争いが繰り広げられている現在の資本主義システムの症状を示しています。

こうした新しい認識の現れについては、ジャーナリストであり著述家であるポール・メイソンも注目し、こう書いています。「私たちは共同生産の自発的な盛り上がりを目にしています。市場の指図や経営階層組織にはもはや応じない商品やサービス、組織が現れつつあります（……）」

「ほとんど気づかれないまま、市場システムの隙間や空洞の中で、経済生活の領域全体が別のリズムへと移行し始めています。経済学研究者グループによってほとんど気づかれずに、また、二〇〇八年の危機以降の旧構造の解体の直接的な結果として、平行通貨、タイムバンク、生活協同組合、自己管理スペースが急増しています」

「しっかり探そうとさえすれば、この新しい経済は見つかります。ギリシャでは、ある草の根N

GOが、自国の食料協同組合やオルターナティブ（代替）生産者、平行通貨、地元の物々交換システムの場所を示す地図を作ったところ、七十以上の実質的なプロジェクトと、住居提供から始まって自動車の相乗りや無料の幼稚園に至るまで、何百という小規模な取り組みを見いだしました。主流派経済学の立場からは、そうしたものに経済活動としての資格はほとんどないように見えますが、そこが重要な点です。それらが存在しているのは、いかにたどたどしく非効率的であるにせよ、拘束されない時間、ネットワーク化された活動、無償のスタッフといった、脱資本主義の流れの中で取引をしているからです。そこからグローバルシステムに完全に取って代わるものを作り上げるには貧弱で、非公式で、危険にさえ思えるかもしれませんが、エドワード三世の時代には金銭やクレジットもそうでした[30]」

最近のほとんどの仕事は、たとえ創造性があったとしても、あまり多くの創造性を要求しませんし、許容もしません。しかし、ステファン・デナエルドのコンタクトの相手によれば、「人々を『もっと多く』あるいは『もっと良く』行うよう駆り立てるのは、創造性です。創造性には物質的なものと非物質的なものという二種類があります。最初のものは、自分自身の生活水準を向上させようという個人的な努力です。これは主として、性、財産、権力の分野で行われ、この惑星上のあらゆる不幸の原因となっています。個人性は、自己中心性、貪欲、欲深さとして表れます。物質的な目標を常に追い求めるなかで、一定の満足は得られますが、その目標が達成されると、その満足は相対的で短期間しか続かず、ほかの人が持つものとの比較の対象にしかすぎないことが明らかになります。したがって、それは次の目標へと、通常はもっと高い収入やもっと高い地位へと続いていきます。その追求が続くのは、満足は追求の中にしか存在しないからです」

一方、非物質的な創造性は、「ずっと続く幸福です。それはほかの人々の生活水準を向上させようという持続的な努力です。それは親切、理解、同情、寛容、友好、敬意として表れます——つまり、非利己的な愛という概念全体のことです[31]」

このことに関連して、ステファン・デナエルドの仲間の実業家の一人であり、仲間のオランダ人である人物からの、現在の教育制度を全面的に見直すことを求める声に耳を傾けると興味深いものがあります。二〇一一年の基調講話で、オランダの多国籍企業アクゾノーベル社の理事であるテックス・ガニングは、教育は知識本位ではなく、価値本位であるべきだと主張しました。教育は子供たちに、自分自身を知り、自信を持って生きること、学びや発見を愛すること、安定した社会生活に備えること、同胞の人間や自然界と共存すること、そしてそこから発展して、社会に対して有益な貢献をすることができるようになることを教えるべきだ、と彼は述べました[32]。

分かち合いの精神でどのように事業を経営したらよいのかについての質問に答えて、ベンジャミン・クレームは、できるだけ長時間、できるだけ少ない賃金で人々を雇うのではなく、次のようにすべきだと提案しました。「協力的なやり方で新しい事業を始めることができます。二十名の人を雇い、あなたを含めて二十一人で利益を分け合うのです。他人よりも多く得る人はいません。誰もが他のみんなと同じように一生懸命働きます。勤務時間はできるだけ短くし、賃金は最大限になるよう努めます。それが新しい時代の方式です。このようにして働き始めるとき、あなたは統合ということの意味が分かるでしょう。そのようにしてグループをつくるのです。アクエリアスのエネルギーは統合的なやり方でのみ働きます。グループを通してです。それは個人的に適用されるのではありません。お金を稼ぎ、金持ちになるというアイディア全体を変容しなければなりません。アクエリアスのやり方で行うならば、狂信的に極端に金持ちになることはありませんが、みんなが豊かになるでしょう(33)」

とは言うものの、世界平和と万人の自由の前提条件として正義を創り出すという意味での分かち合いは、「世界資源の分かち合いです。それは個人的な問題ではなく、世界的なスケールでのみ起こり得ます(34)」

エンリケ・バリオスによると、水がめ座《アクエリアス》の時代とは、「地球という惑星の新しい発達段階で、数千年ものあいだつづいた野蛮《やばん》な時代のつぎにくる、新しい愛の時代、ある種の『成熟』の時代のことだよ。きみたちはもう水がめ座の時代に入ったんだけど、時間的に入っただけであって、行《おこな》いとしてはまだなんだ。地球は別の種類の法則と宇宙地質学的な放射によって支配されはじめるんだよ。言いかえれば、人々の中には愛がもっと多くなるけれど、人々はいまだに、もっと前の、もっと劣った進化レベルのときの原則にしたがいつづけている。そのために起こるのは、人々が内面で感じていることと、外面でやらざるをえないこととの衝突だよ(35)」

その結果、人類の中にはストレスと欲求不満が急速に高まることになりますが、ベンジャミン・クレームは、あまりに熱心な活動家が好む過激な全面的刷新についてはつぎのようにくぎを刺しています。「資本主義を取り除くのではありません。社会の中にそのための場所を与えるでしょう。白か黒かという極端な考え方をすべきではありません。資本主義と社会主義が両立すると考えた人は誰もいませんが、マイトレーヤはこのように言われました。『荷馬車を考えてみると、一方の車輪――資本主義か社会主義――しかなければ、前に進まない』。将来のあらゆる経済制度は社会主義と資本主義のバランスを保つでしょう。今日では、正しいバランスを保っている国は世界にありません。問題は正しいバランスを保つことです。覚者方の観点からは、三十パーセントの資本主義と七十パーセントの社会主義が最良のバランスです[36]」

一九四〇年代にすでに、DK覚者は新しい経済システムについて予言していました。これは、ステファン・デナエルドが「イアルガ」の経済について示されたことを思い起こさせるものです。「民間企業はなおも存続するが、規制を受けることになるであろう。大きな公共施設、主要な物的資源、地球の富の源――例えば、鉄、スチール、石油、小麦――は最初から、運営と管理を行う国際的な団体が所有する。しかしそれらは、民衆によって選出される各国代表団によって、国際的な監視のもとに、世界各国の消費に対応できるように準備されるであろう[37]」

ベンジャミン・クレームは多くの機会に、「実行されれば今日の経済問題の核心にある再分配の問題を解決することのできる青写真」がすでに存在すると述べてきました。「資源は存在します。私たちには必要以上の食糧が存在し、その多くは先進国の倉庫で腐っている一方で、他の地域では数百万の人々が餓死しています。(……)まず、それぞれの国は、彼らの生産物、収穫物、輸入物について知らせることを要請されます。このようにして地球の全食糧が知られます。それぞれの国は、余剰分を中央備蓄に寄贈することを求められます。(……)すべての国家から生み出されたその中央備蓄から、すべての国の必要が満たされるでしょう。これはこの惑星の必要を考慮に入れて行われます(38)」

　同時に、彼はこう述べています。「私たちはみな同じレベルにあるわけではありません。同じものを信じているわけではなく、人類のために同じものを欲しているわけではありません。他の人には欠けている人類との一体感を持っている人々もいます。すべてのことには時間とエネルギーが必要であり、アクエリアスの新しいエネルギーが私たちを変化の地点にもたらします。これが今起こり始めており、人類はこの約束に目覚めつつあります(39)」

　クレーム氏の師はそれをこのように述べました。「［世界教師］マイトレーヤが提唱されるのは、革命（レボリューション）ではなく、進化（エボリューション）である。革命は対決と大量殺戮《さつりく》をもたらし、一種類の問題を他の種類の問題に置き換えるだけであることを、マイトレーヤはよくご存じである。必要なのは、すべての人間に対して、彼らが自分たち自身の運命に関わっているという体験を可能にすることのできる段階的な変化のプロセスである。分かち合いがそのようなプロセスを保証する唯一の手段である。分かち合いのみが、プロセスを始めるためにでさえ欠くことのできない信頼を生み出させるのである(40)」

　ＵＦＯ研究の分野の内外にいる多くの人々は、初期コンタクティーの希望に満ちたメッセージを、歪曲してしまうほど単純化することによって却下してきました。そうした人々は、これは人々に救済を約束する救世主的なメッセージであり、自分自身で考えたり行動したりする必要はない、と私たちに信じ込ませようとしました。こうした先駆的なコンタクティーが自分の体験を世界に知らせようとして書いた本やパンフレットをじかに読んでみると、それとは正反対であることが分かります。彼らは次から次へと、私たちの世界にある誤りを正す責任を引き受けるよう人類に促しているからです。

すべてのそうしたコンタクト事例で、私たち自身の未来を決める人類の自由意志をスペースピープルが強調しているのは偶然ではありません。さらに、人類と地球が——進化の次の段階における最初の現れとしての——新しい文明に移行していくための土台を築くのを支援するために、スペースブラザーズがここにいるという事実は、彼らが私たちの自由意志を侵そうとしていることを意味しているわけではありません。他の惑星群で用いられている政府の形態を地球の各国でも応用すればよいと思われますか、とある人が問いかけたとき、アダムスキーはこう答えました。「全然思いません！　何らかの変化がうまくゆくまでに、人々はまずそのことを慎重に考えて、それから事前に人々の心を調和させることによって真剣な欲求を起こさせねばなりません。（……）」

「彼らの政府の形態は、生きるための法則——地球人にも長い期間を通じて無数の機会を与えられたのですが——は、いかなる惑星でも応用できることを立証するための例として私に説明されました。地球人は過去の偉大な指導者を深く尊敬するがゆえに、彼らの教えを宗教の世界に秘蔵してしまい、その教えが私たちに生き方を示しているということを理解していません。（……）もう一度私たちはこの生きるためのパターンを思い出させられます。あらゆる男、女、子供は、自分自身の回答を自分の内部の奥深く求める必要があります。というのは、万物におけるのと同じく、全体というものはその最も弱いリンク（つなぐ人）と同じぐらいの強さしかないのです[41]」

アダムスキーの火星人のコンタクト相手、ファーコンは別のところでこう付け加えています。「人間は生き方を変えようとしない限り、救われるものではありません。〝無限なる者〟の法則をまじめに追求しようとする地球の少数の人々は、他人を導くように努力する必要があります。そうすれば他の世界の私たちもその人々を助けるつもりです[42]」。しかし、アダムスキーはこうも述べています。「各個人は自分の生活をすごし、自分の未来の運命を作り、自分の歴史を書いています。〝宇宙の計画〟の中で希望もなく行きづまった状態にされる人間は存在しません。自分自身にたいするより良き理解、自己の存在の目的、大宇宙全体と自分との関係などを知ろうという欲求がひとたび人間の心の中に起こるならば、このゴールに達する道は常に開けます[43]」

金星の母船への最後の滞在中、ジョージ・アダムスキーのホストたちは彼に、「地球人自身がこのことをいかに理解していなくても、地球人は〝宇宙時代〟に近づきつつある[44]」ことを知らせました。しかし、この章の前半で立証された進歩が示しているように、人類の中に新しい精神を見つけることができます。それについて、ベンジャミン・クレームやその他の人々はアクエリアスのエネルギーという観点から語ってきました。また、一般大衆が正義と自由のためにますます立ち上がろうとしていることは、このことを証明しているように思われます。

そうした新しいエネルギーが意識の危機につながることは当然予想されることで、それは現在、経済分野で現れています。ジョージ・アダムスキーはこう指摘しました。「[宇宙からの来訪者たちの証拠を探して」聖書を研究するときには、記録されている〝天空〟からの来訪のほとんどすべては、地球人が非常に難儀な状態におちいったときに発生していることに注目するとよいでしょう。当時は現代と同じように、多数の人がコンタクトされたのではなく、あちこちで個人が選ばれたのです。古代においては来訪者たちは地球人に助言を与えましたが、地球人がその助言に従ったときは危険のせまった文明を救うことができましたけれども、助言を無視したときは、その文明は結果的に忘却の中に沈んでいます。今日《こんにち》、私たちはまたも重大な岐路に立っています。スペースピープルは私たちに警告し、援助しようとして最善を尽くしていますが、最終的な決定は私たちの手にかかっています(45)」

「占領せよ」抗議行動を受けて、会社の重役の給与とボーナスをその従業員の平均給与の最大十五倍に制限することに関する住民投票がスイスで実施されました。まるでこの住民投票の結果を予測するかのように、ジャーナリストのロベルト・サビオはこう書きました。「スイスの住民投票が示しているように、欠けているのは認識ではなく、政治的意志です(46)」

明らかに、このことが意味しているのは、実質的な変化を生じさせるためには、人類の十分に大きな部分が自ら行動を起こさなければならないということです。この点について、ステファン・デナエルドのコンタクトの相手は大きな問題を指摘しました。「来たるべき選択における最大の問題は、中途半端で怠惰な、平均的な人です。こうした人々には極性がほとんどありません。自己中心的でもないし、利他的でもありません。どっちつかずなのです。こうした人々に関しては、大きなストレスがかかる状況が創り出されなければなりません。望むのか望まないのか、どちらかを選ばなければなりません。(……)マタイによる福音書二十四章とマルコによる福音書十三章を読めば、キリストが人類の中での極化を予言したことが分かるでしょう。[47]……」

ベンジャミン・クレームによると、現在地球に充満し善悪両方を刺激しているのは、世界教師がもたらす愛のエネルギーです。そのようにして「人類は何をなさねばならないかを非常に明確に知るだろう。もしそれが起こらなかったならば、われわれは今のままでがんばり続けることができると思うかもしれない。（……）『裂開《れっかい》の剣《つるぎ》』は違いをはっきりとさせ、人類の前にある選択を明確にする。（……）正しい人間関係の道、建設と調和の道を選ぶか、あるいは、もう一方の間違った人間関係と、すべての人々の完全な破壊につながる道を選ぶのかである[48]」

現在の構造が最終的に崩壊する時期の前後、世界教師が世界に対して自分の真の身分を宣言する重大な日に、彼は人類に対して、自分たちが一体だということを感じさせる深遠な体験も授けるでしょう。それについて、クレーム氏の師である覚者はこう述べています。「人間はいのちのリアリティー（実相）に完全に参加することの喜びを新たに知り、遠い過去の記憶のように、お互いがつながり合っていることを感じるだろう」。これが、「再建の仕事に、世界の復興の仕事に従事するよう人々を鼓舞することになるだろう、と覚者は述べています[49]。

持続する変化は、内的な認識の結果としてのみ起こり得る、という考えに戻ることにしましょう。ステファン・デナエルドのホストたちはこう説明しています。「知的な極化が、愛する力の方向を変えます。つまり、内向きに愛する力——自己中心性——か、あるいは外向きに愛する力——利他性——のいずれかの方向です。これは作用と反作用の法則に拘束されません。それは各個人の内面で起こる過程《プロセス》です[50]」。さらに、一九五四年にすでに、ダニエル・フライはこう言われて安心しました。「しかし、あなたがたの種族と文化は、絶滅する運命にありません。この危険を永久に背後に置き去るまで、上昇の進路をたどり続けるでしょう。ご存じの通り、選択するのはあなたがた自身です[51]」

いったん世界規模でそうした選択をするなら、つまり私たちが一つであることを認識し、その認識から行動するとき、何が可能かということについて限界はありません。トルーマン・ベサラムのコンタクトの相手もこう言って私たちを安心させています。「私たちには、あなたがたが抱えているような問題がありません。何が正しいかを知っており、それを行いたいと思っているからです。同じことは地球でも実現できるでしょう。神は惜しみなく祝福を与えてくださっており、欠乏は全くありません。あなたがたの諸国民は、互いに絶えず争い合う代わりに、融和し、一致結束して行動することができるでしょう。そうすれば、地球は生きるに値することが分かるでしょう。砂漠や平原を、天国のような庭園に変えることができます。毎年戦争に費やされている物資、努力、生命力をもってすれば、汚染された川からではなく、大気そのものや遠方にある海洋から、水をふんだんに砂漠へと送り込むことができるでしょう。こうしたことは可能です。そうすれば、まさしく天国のようなところで家を建て、子供を育て、息子たちが平和のうちに成年を迎えるのを目にすることになるでしょう。幼くして血生臭い死を迎えたり、体に障害を負ったり、発狂したりする恐怖につきまとわれることはないでしょう[52]。……」

このことに関連して、ジョージ・アダムスキーは、次のことを私たちに再認識させてくれています（#208頁）。「あらゆる惑星は宇宙の教室です。ちょうど私たちが学校を卒業し、下級の学校で学んだ知識を保ち応用するのと同様に、私たちは惑星から惑星へ、太陽系から太陽系へと進学してゆきます。宇宙はあらゆる状態の人間にとって多くの学部を持つ広大な学校です。そこには原始的な惑星群がありますし、私たちの地球的な想像を超えてはるかに進歩した惑星群もあります。しかし私たちは最終的にはあらゆる惑星へ行ける可能性はあります。私たちが地球に関係をもつ必要があるのは、現在のレッスンをマスターして、確かに私たちの宿命である未来をもっと急速に受け継ぐことができるようにするためです(53)」

近年では、ディスクロージャーを要求する人々が署名活動を行ったり、市民公聴会を開催したりして、政府が地球外生命の存在について知っていることを開示するよう強く求めています。そうした活動は、地球外生命の存在に世間の注目を引き付けておくには役立つかもしれませんが、明らかに地球を救うことはないでしょう。政府が否定しようとも、宇宙からの訪問者たちがここにいることを、私たちは知っています。化石燃料業界によって買収され棚上げされている、クリーンで安全なエネルギー源があることを、私たちは知っています。重要なのは、どこから本当の変化が始まるのか、そして私たちの内奥の存在に潜んでいる知識に表現を与えることにより、どうやってその変化を達成したり統制したりしたらよいのかを、私たちは今や知っているということです。ダニエル・フライのコンタクトの相手、アランは彼にこう言います。「あなたがたの最も偉大な時代、黄金時代がすぐ目前に迫っています。適切な扉を通るだけでよいのです。あなたがたが理解力を増大させるとき、その黄金時代が実現する時を早めることになるでしょう(54)」

ウィルバート・スミスも同じことを言われたようです。「やがて、特定の出来事が起こったとき、そして別の世界から来るこうした人々を受け入れる用意が整ったとき、相互の理解と信頼という共通の土台に立って、彼らは自由に私たちに会うでしょう。そして、私たちは彼らから学ぶことができるようになり、至るところにいるすべての人が心の奥深くで望んでいる黄金時代をもたらすことができるでしょう(55)」

前章で取り上げた多くの仲間のコンタクティーの表明を確認するように、彼はこう結論付けています。「私たちの夢をしのぐ理想郷のような生活様式と、それを達成する方法について、私たちは教えられてきました。そのような一貫した素晴らしい哲学が、誤って導かれた多くの無能者の想像の産物だということがあり得るでしょうか。私はそうは思いません。もし私たちが持っている証拠が哲学的なものだけだとしたら、疑うのは当然かもしれませんが、何千もの観測例という事実と組み合わさるとき、そう簡単に却下することはできません(56)」。金星人の覚者《マスター》は次のように述べ、このことを確認しました。「およそ人間でいわゆる〝ユートピア〟すなわちほぼ完全な世界をかつて夢想しなかった者はありません。人間が想像するものはどこかに実在するのです。したがってあらゆる物事が達成される可能性を帯びています。地球人にとってもこれは可能なのです。銀河系の他の惑星にいる私たちにとってもそうなのです(57)」

ベンジャミン・クレームの師が提供した記事では、この実現可能な壮麗な世界が垣間見られています。「誰も不足するもののない未来を想像しなさい。すべての人間の才能と創造性が彼らの聖なる起源を実証する未来、戦争が人間の思考の中に座をもたない未来、善意がその慈悲深い網をすべての人間の心（ハートとマインド）に投げかける未来を想像しなさい」
「（電気の）光ではなく（神の）光そのものによって灯され、今日のような悲惨さや欠乏はどこにも見つけられない都市を想像しなさい。光のみによって動かされる速くて音のしない交通機関、遠く宇宙世界や星々でさえもわれわれの手の届く範囲にまでもたらされるような未来を想像しなさい。そのような未来が、分かち合う勇気をもつ男女を待っている。そのような未来が、自由を愛する勇敢な者たちを待っている。そのような輝かしき未来が、人生の意味と目的を理解することを切望する者たちを待っている(58)」

各国政府が地球外生命の存在を隠蔽《いんぺい》している状態であるため、アダムスキーのコンタクトの相手であったイルムスとカルナは、一九五〇年代に彼に対して、情報開示は一般大衆からの圧力を必要とするだろうと言い、その頃からすでに民衆の力の重要性を強調していました。六十数年後、ベンジャミン・クレームの言葉を借りれば、支配階級にとっては政治的な自殺行為になるほど公的な情報開示が進んだため(59)、イルムスとカルナによる観測は、変化の必要性によりいっそう当てはまるように思われます。そして、その変化そのものが否応なく、地球が宇宙共同体へと再び融合することについての情報開示につながるでしょう。「解決は街頭の普通人に大きくかかっていて、それが世界中の大衆によって増大されるということになりそうですね」というアダムスキーの発言に対して、ファーコンはこう付け加えています。「大衆はあなたの力になりますよ。ですから、もし彼らが各地で充分な人数でもって戦争反対を口にすれば、地球各地の指導者たちはこころよく聞き入れるかもしれません[60]」

エンリケ・バリオスの本の主人公アミは、人類に情報を与えることは、一時的な見せ物ではなく、一つの過程《プロセス》であることを指摘し、増大した認識が私たちのためになるとしたら、人類はそれを表現する必要があるということを繰り返し述べました。「われわれは、決められた枠《わく》の中で人類のために救助をする。地球のひとたちは、いま、自分じしんで努力しなければならないときを迎えているんだよ[61]」

ファーコンはアダムスキーを通して、私たちが世界と未来のために責任を負わなければならないという考えをはっきりとさせると同時に、問題を「神の行為」や「悪いカルマ」のせいにすることに暗示されている、服従や自己満足を非難しました。「私たちは人間を創造主の最高表現として、また万物の中の完全なものとして認識しています。もし私たちが他のものを邪悪な心で傷つけるならば、そのものを本来の目的から変えてしまい、逆にこちらが傷つくようになることを知っています。創造主が私たち自身の問題を自分で達成するように私たちに任せている理由はおわかりでしょう。創造主の法則が守られない場合は、その法則が私たちに不利な証言をするのです。(……)創造主の原理に反することによってのみ人間は不調和な状態を作り出すのであり、それを悪魔のせいにしていますが、しかもそれは自分で修正しなければならないのです。(……)あらゆるゆがみはゆがめた人自身によって直さねばならないのです[62]」

ダニエル・フライのコンタクトの相手は、このことをはっきりと確認しています。「もし私たちがあなたがたの世界の人々を導くために上からやって来て、優れた種族のメンバーとして現れる

2012年2月15日の午前7時から8時15分の間、ドイツ・ミュンヘンの北東約170kmのところにあるフィルスホーフェン空港のウェブカメラで、ベルント・ナッハライヘルト氏はある光の現象を見た。それはキリストの姿に似ている、と彼は考えた。それについて聞かれたレンズ製造者は、レンズに映った光の屈折だと説明した。(TZ.de)

ベンジャミン・クレームの師によると、ロケットを表しているこの形は、世界教師によって顕されたものであり、人類を太陽系の最果てへと、そしてその向こうへと連れていく将来のテクノロジーの象徴であるという。(シェア・インターナショナル誌2012年4月号21頁)

とすれば、あなたがたの文明の自尊心のバランスを著しく乱すことになるでしょう。何千万という人々が、宇宙の中で二番目の位置に格下げされることを必死に避けようとして、私たちの存在に同意しなかったり否定したりするのにどんな苦労も惜しまないでしょう。私たちの実在についての認識をそうした人々に押し付ける措置を講じれば、こうした人々のおよそ三十パーセントが私たちを神と見なすべきだと主張し、自分たち自身の幸福の責任をすべて私たちに委ねようとするでしょう。残りの七十パーセントのほとんどの人々は、私たちのことを、世界を奴隷化しようと計画している暴君ではないかと疑い、多くの者がすぐに、私たちを滅ぼす手段を探し始めるでしょう[63]」

したがって、偽情報キャンペーンが始まる前のコンタクティーの体験を白昼夢として非難しようとする試みはどれも、実際のところは、明らかに情報の信頼性を失墜させることを狙いとした悪意あるでっち上げだということが容易に分かります。しかし、私たちが生きている時代において、彼らのメッセージは、かつてないほど緊急性と今日的な意味を帯びており、人類による人類自身と惑星の救済にまさしく関連しているということが、間もなく明らかになるでしょう。

変化がやって来ようとしていることは、かつてないほど多くの人々が感じています。人類史における この重大な時期に集積した膨大な想念形態と接触したことにより、多くの人々が、「地球規模のアセンション」「スターゲイトの開門」「銀河系の活性化」といった色彩豊かな夢想や、人類が一体性に目覚めることを描いた似たような方法で、予言的な特質を帯びたことを主張しています。したがって、私たちは自分自身に言い聞かせた方がよいでしょう。解決策は、単に認識だけではなく、それを実際面でいかに表現するかにかかっている、と。

私は別の本で、「知識は行動を伴わない限り、役に立つことはありません」[64]というジョージ・アダムスキーの主張を引用しました。同じような精神で、ダニエル・フライのコンタクトの相手は、新しい世界を建設するのに必要とされるものをまさしく要約しています。その新しい世界とは、人類が存続し、文明が安全に進歩し、さらには、宇宙における私たちの孤立が終わることを保証する世界です。「もし何らかの偉大で永続的な良いことが私たちの努力から生じるとしても、実際のリーダーは、あなたがた自身の民衆でなければなりません。[65]……」

♯宇宙の教室としての惑星群（202頁）

ある惑星出身の人間が別の惑星に転生する証拠はあるのでしょうか。もちろん、自分でそうした主張をする人々の事例はありますが、証明や証拠を提示するつもりで彼らが言うことは何であれ、信用して受け入れるか、あるいは受け入れないかくらいのことしかできません。しかし、別個の証拠や外部の裏付けが入手できる事例もいくつかあります。

私の著書『ジョージ・アダムスキー――不朽の叡智に照らして』では、ジョージ・アダムスキーが実際に、金星の人類出身の魂であったことを示すいくつかの情報源を引用しています。彼は使命を果たすために地球に転生し、その使命のために有名になりました。

例えば、『アダムスキー・リターン――一九六五年イギリスで起きたコンタクト事件』の中で、アーネスト・アーサー・ブライアントは、アダムスキーが亡くなった日の翌日の一九六五年四月二十四日に、イギリスのダートムーアに着陸した円盤から出てきた三人の存在にどのように会ったかを描写しています。そのうちの一人は、自分のことを「私の名前はヤムスキです」と名乗りました。もしくは、少なくともそういう風に聞こえたとのことです。彼はアメリカ人のアクセントの傾向を持っていましたが、「私たちは金星から来た」と言いました。彼はまた、明らかにデスモンド・レスリーのことを指しながら、「もしここにデス・レスがいたら、彼なら分かったろうに」と言いました。[a]

同じように、一九八〇年に、宇宙から来たコンタクトの相手と会っているとき、イタリア人のコンタクティー、ジョルジョ・ディビトントは別の男性を紹介されます。その男性は「すぐに、親切さと愛想の良さで私たちを感心させました。彼は言いたいことがたくさんある人のようにほほ笑みましたが、語ろうとしませんでした。『彼の名前はジョージです』と、ラファエルが私の方を向いてうなずきながら言いました。『あなたがたの名前と同じです。私たちの兄弟であるこの人は地球でしばらく生活し、そこで任務を果たすことを選択しました。彼は今、私たちのもとに帰っています』」[b]。アメリカでディビトントの物語を出版したウェンデル・スティーブンスが、ディビトントのコンタクトの相手が本当に金星出身なのかどうかを聞いたところ、クレーム氏は、それは本当だと答え、多くの金星人が当時も現在でさえも、私たちの中にいると付け加えました。[c]

デスモンド・レスリーは、一九五八年の自分の小説『驚異のルッターワース氏』について、それがジョージ・アダムスキーの使命に基づいたものであり、七十五パーセントがノンフィクションであると述べています。デスモンド・レスリーは明確に、自分のかつての共著者が別の惑星からやって来たということ、そして晩年になるまでそのことを思い起こさなかったということを示唆しています。ジョージ・アダムスキー財団によると、アダムスキー自身は、自分が戻るとか、戻ったという主張に対して警告していました。しかし、死後に遺産を乗っ取ったり付け込んだりしようとするかもしれない詐称者への警告としてとらえると、こうしたエピソードは、アダムスキーの発言と必ずしも矛盾するものではありません。

別の事例ですが、ロシアのプラウダ紙は二〇〇四年三月十日、一般に「メドヴェデスカヤの尾根」と呼ばれるロシア・ボルゴグラード北部の異常地帯への遠征に参加したメンバーの話に基づく、ゲンナーディ・ベリモフによる報告を掲載しました。ある夜、遠征メンバーがキャンプファイヤーを囲んで座っていたとき、七歳の少年であったボリス・キプリイアノビッチは皆の注目を集めました。「『火星での生活、火星の住民、地球への飛行について、彼はみんなに話したがっていることが分かりました』と、証人の一人が伝えています。沈黙がありました。信じられないことでした。非常に大きな、生き生きとした目をしたその少年は、火星の文明についての壮大な話をしようとしていました。（……）彼は火星での生活について詳しく知っていました。たまたま火星からそこに降りてきて、火星に友人がいるからでした」。その報告によると、その場に居合わせた人々の多くは、少年の深い知識と知性だけでなく、その雄弁さにびっくりしました。

当時ボリスカとして知られていたその少年は、一九九六年一月十一日にヴォルシスキーで生まれました。父親は退職した公務員で、母親は皮膚科医でした。母親は、ボリスカが二歳の頃からすでに「蓮華座ですわり、こうしたあらゆる話をし始めました」と記者に語りました。「あの子はよく火星のことや、惑星系、遠くの文明社会について話したものです。私たちは耳を疑いました。どうして子供にこんなことが分かるのでしょう。宇宙や、他の世界に関する終わりなき話、計り知れない天空の話は、この子にとっては二歳の頃から毎日のマントラのようなものでした」[d]

シェア・インターナショナル誌に掲載されたこの話に関する記事への編集者注の中で、ベンジャミン・クレームの師は、少年の生まれに関しては真実であることを認めましたが、彼の情報には正確でない部分もあることを付け加えました。[e]

面白いことに、ベンジャミン・クレームは長年にわたって、何人かの著名な歴史上の人物に関して、彼らが他の惑星から地球に転生したと述べてきました。例えば、ウィリアム・シェイクスピア（木星から）、マリア・カラス（火星から）、レオナルド・ダ・ヴィンチ（水星から）などです[f]（注は223頁）。

第四章　補遺
メッセージと由来源

アダムスキーが一九五四年八月に金星の母船内での最後の会見のためにコンタクト相手のファーコンとラミューに迎えに来てもらったとき、彼らはアダムスキーにこう言って安心させ、彼の悲しみに対処しようとしました。「あなたは肉体の形でのみ私たちと別れるのです。どこにいてもやはりテレパシーで通信することを忘れないで下さい」[66]。それでも、彼自身は神秘的な経路《チャンネル》から来るメッセージについて警戒していました。「……私は、自分が何を扱っているのかを理解している心霊主義者や神秘主義者は一人も知りません。そして、彼らはこれらの状態において、他の人になりすます人や偽予言者からのあらゆる印象に対して受け入れやすくなっているのです[67]」

コンタクティーがコンタクト相手から受け取った情報に対する、よく耳にする反発は、それが「福音主義的」だというものです。これはたぶん、ある意味では理解できることです。世界は急速に世俗化しており、概して「物質主義的」な人生観が優位に立っているからです。私たちは長い間、本書の多くの部分で繰り返し述べられてきた、根底にある霊的な実相《リアリティー》を見失っていました。

初期のコンタクティーの何人かは神秘主義的な傾向を持っているように見えますが、覚えておくとよいことは、彼らは自分たちよりも（そして私たちのほとんどよりも）高度に進化した人々によってコンタクトされ、自分たちの体験と受け取った情報を高尚な言葉で包み込もうとしたということです。そのうえ、ジョージ・アダムスキーは情報の多くを二人の知恵の覚者方《マスターズ・オブ・ウィズダム》から、一人は金星の覚者《マスター》、もう一人は土星の覚者《マスター》から受け取りました。ただし、彼はのちに「マスター」という言葉を使ったことについて後悔の気持ちを表明し、「精神上の大師《マスター》がどこかにいるというわけではありません」(68)とまで主張しました（ところが、彼は十代の頃にチベットで覚者方《マスターズ》と共に学びました）(69)。なぜなら、非常に多くの人が権威や責任を他者に起因すると考える――そして転嫁する――傾向があるからです。しかし、覚者方《マスターズ》がそう呼ばれるのは、彼らは生命の法則に従って生きることを学び、そのようにして自らの本来の神性を物質的な顕現において比較的完璧に表現するようになったこと――すべての人が自然界の霊的王国に入ることができるようになる前に関与する過程――によって、自らの低位性質を、したがって自然界の諸法則を「習得《マスター》」したからです（96〜99頁も参照のこと）。

一人か数人のいわゆる「マスター」からメッセージを「チャネリング」したという「ニューエイジ」サークル関係者の多数の主張にもかかわらず、人類の本当の兄たち（エルダーブラダーズ）は、宇宙の兄弟たち（スペースブラザーズ）と同様に、メンタルテレパシーを通してしか交信しません。ベンジャミン・クレームはチャネリングのことをこう描写しています。「現代的な一般的な意味では、アストラル的に敏感な人々や霊媒を通して、アストラル界から（……）教えや情報を受けることを指します。このように受け取られた情報や教えは、アストラル界――イリュージョン（幻覚）の界――の歪曲の仕組みによる影響を免れないことを理解すべきです」(70)。別のところで、彼はこう述べています。「教えの幾つかは、志向献身的タイプの人々にとっては、一般に『高揚的』なものがある一方、霊媒や伝達者は個人的な『指導』の提供や膨大な書物の売り上げによって、たくさんのお金を儲けているということです。何にもまして、これらの霊媒たちの大多数が、彼らの情報の源や『指

導』の性質について混乱しており、彼らは何か役に立つ奉仕の仕事をしているような錯覚に囚われているのだと思います」(71)

アダムスキーはアストラル界の性質について次のように説明しました。「二十五億の人間［当時の世界人口］は『発生するだろう』とみんなが考えている物事に関して、期待の想念を放っています。大抵の予言はこうした想念の影響以外の何物でもありません。人間の心についてほとんど理解していない人々は、こうした想念を受けて、それがスペースピープルからのメッセージまたは神からの啓示だと思います。当然、こうした想念類の小部分は正しいので、人々はワナにはまって、自分が生きた実体、または神とコンタクトしていると信じ込むのです。(72)……」

アダムスキーは聴衆に繰り返し語りました。「宇宙的な性質を帯びたテレパシー通信と、地球でよく受信されて知られている心霊的な〝メッセージ〟とは決定的な相違があります。地球人が自分自身や自分の心の動きをよく知るようになるまでは、宇宙的な源泉から来る情報と、地球を取り巻く想念帯から来る情報とを区別するのはむつかしいでしょう。長い時代にわたる人間の居住と思考により、大自然界から出る放射物と相まって、ほとんどの人が気づく以上にはるかに実際的な波動が確立されてきました。したがって、こうした想念帯と、真実のテレパシー通信をともなう放射物とを混同しないように、極端な注意を払う必要があります」(73)

ファーコンはこの点についてアダムスキーにこう語りました。「地球にたいする私たちの有形の使命は別として、私たちすべては、地球人が不幸に向かって進んでいることにみずから目覚めるだろうという信念をしっかり持たねばならないのです」。ラミューはこう付け加えました。「地球の兄弟すべてに絶えず送られているこの想念の力が多数の人の心を変化させたことを私たちは知っています[74]」

この考えはエンリケ・バリオスの本で裏付けられているのが分かります。主人公のアミはこう言います。「……〝メッセージ〟を、人々の脳波に送った。これらの〝メッセージ〟はラジオの音波のように空気中にあり、すべてのひとにとどくけど、あるひとはそれを受信するのにふさわしい〝受信器〟をそなえていて、別のひとはそなえていない[75]」。そして、「進化した世界には、それを受けとって伝えるひとたちがいる。（……）あまり進化していない世界では、（……）受けとるひとは、受けとったものをどのくらい純粋に世界に伝えるかに応じて、多かれ少なかれ〝予言者〟になるんだよ[76]」。アミはまた、こう言っています。「あるひとはこれらの〝メッセージ〟を、かなり自分の考えやその信仰によってわいきょくして表現したり、また別のひとはかなり純粋に表現する[77]」

しかし、オーソンはアダムスキーに、テレパシーによる交信についてこう語りました。「私たちは送信者と受信者という二点間の〝意識が一体化した状態〟と呼んでいます。これは私たちの各惑星では普通に用いられている伝達法で、特に金星ではそうです。私たちの惑星では個人から個人へ、惑星から宇宙船へ――それがどこにいようとも――、そして惑星から惑星へメッセージを伝えることができます。前にも申しましたように――これは特にはっきり記憶していただきたいのですが――地球人のいう空間または〝距離〟は全然障害になりません。（……）万人にはっきり伝えていただきたいことが一つあります。今までここで話してきたテレパシーによるコンタクトは、地球人の言っている〝心霊〟や〝降霊術〟的なものとは全然違うということです。テレパシーは一つの心から他の心への直接のメッセージなのです[78]」

ハワード・メンジャーはこう述べました。スペースピープルと会うとき、「人は自分のすべての思考が強力なテレパシーによる観察の下にむき出しになるということを本能的に知ります。そして、そのようなことを知ると、何も隠すことができないことを突然悟り、自分に対しても来訪者たちに対しても完全に正直になります。それはすがすがしい浄化の感覚であり、日常での仲間との付き合いの中に持ち越されるものです[79]」

テレパシーはこれまで、日常の世界にいる弟子たち――とりわけブラヴァツキー夫人、アリス・ベイリー、ベンジャミン・クレーム――を通して教えを伝えるために、知恵の覚者方によってごく一般的に用いられてきた手段でしたが、「オーバーシャドウ」と呼ばれるもっと高度な形態もあります。ベンジャミン・クレームによると、「霊的な意味における『オーバーシャドウ』とは偉大なる意識がそれよりいくぶん下位のレベルの意識を持つ者たちを通して働く方法であり、そのようにして仏陀やマイトレーヤの意識を人類にもたらす[80]」といいます。不朽の知恵の教えによると、このようにして、例えば、キリストは当時の弟子イエスを通して、ヨルダン川での洗礼の時からはりつけまで働き[81]、仏陀はゴータマ王子を通して、王子が菩提樹の下で「悟り」を開いた時から働きました[82]。

いわゆる「スペースピープル」から伝えられたとされるメッセージの一部について問われた際、アダムスキーはこう答えました。「それらを注意深く読んでみますと、あちこちに少しばかりの真理が散見できます。しかしこれはいつの場合もそうです。というのは、ニセモノというものは真実がなければ存在し得ないからです。その真実をまねてニセモノが作られるのです。まじめに真実を追求しながら、しかも心霊的な基盤よりもむしろ実際的な基盤の上にそれを追求しようとする人々の心に、こうまで多くの混乱をひき起こすのは、こうしたわずかばかりの真理が存在するからです。もし何かが宇宙的であるとすれば、それは融合的であって、分裂はしないはずです。私たちの太陽系以外の惑星に私たちよりも高度に発達をとげた、またはひどく程度の低い人間が存在することを私は否定しませんが、なぜわれわれはわれわれを助けることのできない人間の〝指導〟に従わねばならないでしょう？　地球人は現在互いに信じ合わない態度をとっているのですから、たしかに私たちは宇宙へ手を伸ばしてこれ以上自分たちの分裂状態に何かをつけ加える必要はありません(83)」

彼はまた、次のように警告しました。「そのメッセージの与え手が自分の名前や地位のような身分証明を用いていることにあなたは気づくでしょう。『驚異の大母船内部』（『第2惑星からの地球訪問者』第二部）に述べてあるように、スペースピープルは地位や名前を用いて自分の正体を明かすことはしません。これらはパーソナリティー（人格的なもの）です。また彼らは私たちの未来を予言しません。（……）だから私は何かのメッセージ、特に未来の予告を含むメッセージ類については、まじめに疑うことをいつもすすめているのです(84)」

最後の手がかりですが、たとえ霊的な進歩であったとしても、特定の地位を狙うことなど、メッセージが利己的な欲求に訴えかける場合は、その由来源が同じように「色がついた」レベルにあることを確信してもよいでしょう。したがって、ベンジャミン・クレームは、メッセージがどのレベルから由来しているかを確かめようとするときは、直観を使うことを提案しています。「直観はハートから来るものであり、アストラル的で太陽神経叢《しんけいそう》から来る欲望の原理とは関係がありません。これらの二つの違いを認識しようとしてみなさい。(85)……」

注

(1) クレームの師「新しい時代は頭上に」一九九八年、『覚者は語る』四八二頁
(2) アリス・ベイリー『秘教占星学（下）』ＡＡＢライブラリー、二〇一四年、八九頁
(3) アダムスキー『第２惑星からの地球訪問者』一九六～一九七頁
(4) バリオス『アミ 小さな宇宙人』七五頁
(5) アダムスキー『第２惑星からの地球訪問者』二九六頁
(6) メンジャー『宇宙からあなたへ』原書四七頁
(7) フライ『アランによる地球人への報告』、『ホワイトサンズ事件』原書七七～七八頁
(8) 同書 七八～七九頁
(9) バリオス『アミ 小さな宇宙人』一七五頁
(10) アダムスキー『第２惑星からの地球訪問者』二三八頁
(11) フライ『アランによる地球人への報告』、『ホワイトサンズ事件』原書九〇頁
(12) 同書 九一頁
(13) アダムスキー『第２惑星からの地球訪問者』二三六頁

（14）フライ『アランによる地球人への報告』、『ホワイトサンズ事件』原書七三～七四頁
（15）同書 七四頁
（16）アダムスキー『ＵＦＯ問答100』問25、四五頁
（17）フライ『アランによる地球人への報告』、『ホワイトサンズ事件』原書七五～七六頁
（18）アダムスキー『ＵＦＯ問答100』問23、四二～四三頁
（19）アダムスキー『ＵＦＯ問答100』問72、一一八～一一九頁
（20）ピーター・センゲ他『存在――人間の目的と将来の領域（*Presence - Human Purpose and the Field of he Future*）』二〇〇四年、原書一四頁
（21）アダムスキー『第２惑星からの地球訪問者』一九〇～一九一頁
（22）クレームの師「行動を待つ諸問題」シェア・インターナショナル誌二〇一四年四月号、一頁
（23）ベイリー『ハイラーキーの出現（下）』二八一頁
（24）スティーブン・リーヒー「より良い世界を築く――一度に一個のレンガで」インタープレスサービス通信［オンライン］二〇一三年十月八日、www.ipsnews.net/2013/10/building-a-better-world-one-block-at-atime/で閲覧可能［二〇一五年八月五日にアクセス］
（25）www.transitionnetwork.org より
（26）ニールス・ボス「食料に対する私たちの視点の転換――商品から共有財産へ」シェア・インターナショナル誌二〇一四年五月号、二三～二七頁（一部改訳）
（27）チアゴ・スタイバーノ・アルベス「上司のいないビジネス――職場での民主主義」シェア・インターナショナル誌二〇一四年四月号、三〇～三三頁

(28) www.johnlewispartnership.co.uk/ より
(29) ペイスケイル、www.payscale.com/data-packages/ceo-income 参照［二〇一五年八月八日にアクセス］
(30) ポール・メイソン「資本主義の終わりが始まった」ガーディアン［オンライン］二〇一五年七月十七日、www.theguardian.com/books/2015/jul/17/postcapitalism-end-of-capitalism-begun で閲覧可能［二〇一五年七月十八日にアクセス］
(31) デナエルド『地球存続作戦』原書六一頁
(32) テックス・ガニング「教育に基づいた価値」NIVOZ講演、二〇一一年十月十三日、hetkind.org/wp-content/uploads/2011/10/Value-Based-Education-lezing-Tex-Gunning-13-oktober-2011-NIVOZ.pdf で閲覧可能
(33) ベンジャミン・クレーム／石川道子訳『多様性の中の和合——新しい時代の政治形態』シェア・ジャパン出版、二〇一二年、一四〇〜一四二頁
(34) クレーム「読者質問欄」シェア・インターナショナル誌二〇一四年六月号、三六〜三七頁
(35) バリオス『アミ 小さな宇宙人』二一〇頁（訳注＝邦訳には該当箇所が見つからない英文も訳出・追加した）
(36) クレーム『多様性の中の和合』一五四〜一五五頁
(37) ベイリー『ハイラーキーの出現（下）』一八一〜一八二頁
(38) クレーム『多様性の中の和合』一三六〜一三七頁
(39) クレーム「読者質問欄」シェア・インターナショナル誌二〇一三年十二月号、四三頁（一部改訳）
(40) クレームの師「偉大なる決断」シェア・インターナショナル誌二〇一二年一月号、一頁

(41) アダムスキー『ＵＦＯ問答100』問44、七一～七三頁
(42) アダムスキー『第２惑星からの地球訪問者』二一七頁
(43) アダムスキー『ＵＦＯ問答100』問80、一二九頁
(44) アダムスキー『第２惑星からの地球訪問者』三三一頁
(45) アダムスキー『ＵＦＯ問答100』問49、八二頁
(46) ロベルト・サビオ「スイスが収入の平等の前例を作る」インタープレスサービス通信［オンライン］二〇一三年三月十一日、www.ipsnews.net/2013/03/switzerland-sets-example-for-incomeequality/ で閲覧可能［二〇一五年八月五日にアクセス］
(47) デナエルド『地球存続作戦』原書一一四～一一五頁
(48) クレーム『多様性の中の和合』三四～三五頁
(49) クレームの師「新たなる奉仕」一九九四年、『覚者は語る』三八一～三八二頁
(50) デナエルド『地球存続作戦』原書一三二頁
(51) フライ『アランによる地球人への報告』、『ホワイトサンズ事件』原書八四頁
(52) ベサラム『空飛ぶ円盤に乗って』原書七四～七五頁
(53) アダムスキー『ＵＦＯ問答100』問39、六四頁
(54) フライ『アランによる地球人への報告』、『ホワイトサンズ事件』原書九二頁
(55) スミス『ボーイズ・フロム・トップサイド』原書二九頁
(56) 同書二八頁
(57) アダムスキー『第２惑星からの地球訪問者』一九五頁

(58)クレームの師「将来の青写真」一九九九年、『覚者は語る』五〇六～五〇七頁
(59)クレーム『光の勢力は集合する』六五頁
(60)アダムスキー『第2惑星からの地球訪問者』二〇一頁
(61)バリオス『アミ 小さな宇宙人』一八一頁
(62)アダムスキー『第2惑星からの地球訪問者』二八〇頁
(63)フライ『アランによる地球人への報告』、『ホワイトサンズ事件』原書七〇～七一頁
(64)ジョージ・アダムスキー／竹島正監修、藤原忍訳『宇宙宝典 ロイヤルオーダー』たま出版、一九八四年、九〇頁
(65)フライ『アランによる地球人への報告』、『ホワイトサンズ事件』原書七一頁

メッセージと由来源
(66)アダムスキー『第2惑星からの地球訪問者』三一四頁
(67)アダムスキー『進化した宇宙人と他の惑星に関する質疑応答集』一一頁（一部改訳）
(68)同冊子 一五頁（訳注＝マスターというルビを付した）
(69)アートセン『ジョージ・アダムスキー』三八～四一頁
(70)クレーム『大いなる接近』一二一頁
(71)ベンジャミン・クレーム／石川道子訳『マイトレーヤの使命・第二巻』シェア・ジャパン出版、二〇一〇年、六二五～六二六頁
(72)「世界の変動」一九六二年、ジョージ・アダムスキー／久保田八郎訳『ＵＦＯ・人間・宇宙』中央アー

ト出版社、一九九一年、二一三頁
(73) アダムスキー『UFO問答100』問14、二九頁
(74) アダムスキー『第2惑星からの地球訪問者』二〇〇頁
(75) バリオス『アミ 小さな宇宙人』六六頁
(76) 同書二〇九頁（訳注＝邦訳には該当箇所が見つからない英文も訳出・追加した）
(77) 同書 六七頁
(78) アダムスキー『第2惑星からの地球訪問者』二〇五～二〇六頁
(79) メンジャー『宇宙からあなたへ』原書三七頁
(80) クレーム『大いなる接近』五四頁
(81) ベイリー『キリストの再臨』一一一頁
(82) クレーム『大いなる接近』二九頁
(83) アダムスキー『UFO問答100』問85、一三七～一三八頁
(84) 同書 問15、三〇頁（訳注＝邦訳には該当箇所が見つからない英文も訳出・追加した）
(85) クレーム「読者質問欄」シェア・インターナショナル誌二〇一四年三月号、四九頁

宇宙の教室としての惑星群（208～211頁）
a．アイリーン・バックル／韮澤潤一郎監修／平山千加子訳『アダムスキー・リターン――一九六五年イギリスで起きたコンタクト事件』たま出版、一九九二年、九〇～九五頁
b．ディビトント『宇宙船の天使』原書三〇頁

c. ウェンデル・スティーブンス、ディビトントによる右の著書の序文、一九九〇年

d. ゲンナーディ・ベリモフ「ボリスカ――火星から来た少年」プラウダ［オンライン］二〇〇四年三月十二日、web.archive.org/web/20040402081230/english.pravda.ru/science/19/94/377/12257_Martian.html で閲覧可能［二〇一五年八月十四日にアクセス］

e. クレーム編集「時代の徴」シェア・インターナショナル誌二〇〇五年九月号、二六～二九頁

f. 例えば、クレーム『マイトレーヤの使命・第二巻』六一一～六一二頁や、クレーム『光の勢力は集合する』六八～七〇頁を参照

エピローグ

私は前作の表紙（英語版）に、一九五〇年代のコンタクティーとその後継者を通して伝えられた一般的なメッセージの要約を掲載しました。それは、「いのちは一つであり、一つのものとして生きなさい、そうでないと滅びる……」という言葉です。本書では、この一体性の実際的な表現として、スペースピープルが彼らの惑星での生活の仕方を私たちにどのように垣間見させてきたのかを明らかにしました。この一体性については、人類のあらゆる偉大な教師たちが証言しましたが、私たちはそれを無視し、自らを危険にさらしています。

『スペース・ブラザーズ』は、地球外生命の存在が、人類の意識の進化における次の段階といかに究極的にかつ複雑に関連しているかを明らかにしています。一方、本書『転換期にある惑星——いかに正義と自由は実現されるのか』は、前作がやめたところから続けています。宇宙からの訪問者たちが、私たちの霊的な起源と再びつながる必要を私たちに思い起こさせているだけでなく、恒久平和とすべての人の繁栄のためにいかに異なったやり方で生活を営むことができるかに関して、数々の例を実際に示してきたという証拠を、本書は前例のないほど多く集めて読者に提示しています。

「空飛ぶ円盤ムーブメント」として始まり、「UFO研究《ユーフォロジー》」へと進化したものは今や、しばしば「エクソポリテクス」と呼ばれています。これは、秘密主義と偽情報により大きな損害を被ってきた話題に対して、学問的な信憑性を与えようとする試みです。

現時点での最も単純な「エクソポリテクス」の定義は、「地球外生命に関連した政治的な当事者《アクター》、過程、機関に関する研究」というようなものになるでしょう。これは、地球外からの訪問者の意図に関する多くの対立する理論も考慮に入れたものです。また、この定義は、一部の人々にとっては地球外生命の存在を前提としたものであり、別の人々にとっては単にそのようなことの可能性にすぎないでしょう。

しかし、本書にある証拠の体系や今日の世界情勢との関連性に基づくと、「エクソポリテクス」という言葉のずっと実際的な、証拠に基づいた定義が立ち現れてきます。それは、この単語の構成要素の元来の意味にさかのぼるものです。「エクソ」は「外（から）」を意味し、「ポリテクス」は「国家や国民に関係する事柄」を意味します。

エクソポリテクス――他の惑星から来る人々が、自らの見解を押し付けることなく、社会を運営する代替的でより健全な方法を人類に示すこと。

こうすると、「エクソポリテクス」は直ちに、はるかに緊急性を帯びた概念となり、人類が今日直面している――政治的、経済的、財政的、社会的、環境的な――危機との関連で、地球における地球外生命の存在をしっかりと位置付けることになります。

私は以前の著書で、すべての人との一体性を表現することの社会経済的な意義について必然的に触れました。この点についてスペースブラザーズが私たちに分かち与えてきた情報の量を見れば、本当に驚くべきものがあります。一見したところ思いつきで述べているような発言や、彼らの惑星の社会・経済機構についての二日間にわたる開陳《かいちん》、さらには実際の訪問もありました。こうした情報は、持続可能性や、すべての人にとっての自由と正義のために、彼らの惑星での生活がどのように営まれているかに関する包括的な全体像を提示しています。

それは、私たちの場合にどのように実現できるかについての、非常に必要とされる、希望をかき立てるような実例となっています。

付録

I．調査方法――批判的統合

第二次世界大戦後に始まる現代のＵＦＯ時代の歴史が、隠蔽や偽情報、陰謀論、憶測、関心集めだらけであるとすれは、どの情報を信頼し真剣に受けとめたらよいのか、ほとんど誰も分からないでしょう。その結果、大量の証拠や無数の信頼できる目撃例、豊富な目撃証言があるにもかかわらず、大多数の人々――特にメディア――は、地球外生命の訪問という主題を真剣に受けとめようとさえしません。

反論の余地のない出来事が展開するとき、この大多数の人々が追いついてくるのは間違いありませんが、現在、本物の情報を特定しようと奮闘している人々にとっては、実際のところ「信じる」必要などない、と強く主張したいと思います。それどころか、架空の話やわざと嘘を織り交ぜている話から事実を引き出す有望な手段があることを提案します。これは、これまでの地球外生命の存在の性質上、測定を行い、得た情報をまとめ、分析するといった、手っ取り早いものではありません。ほとんどの体験や発言は主観的であり、多くの人がどれほど要求したとしても、研究室での実験のように再現できるわけではないからです。

マタイによる福音書には、「求めなさい。そうすれば、与えられる」とあります。残念ながら、マタイが付け加えるのを忘れたのは、与えられるものは概して、求めるもの次第だということです。したがって、地球外生命の存在は脅威であると主張する報告を研究者が探していれば、それが与えられるでしょう。同様に、それとは逆の報告も山のようにあるでしょう。それでは、誰の証言が信頼できるかをどうやって判断したらよいのでしょうか。

尊敬を集めているカール・セーガンは、「トンデモ話検出キット」の中でこう述べました。「尺度があって数値を出すことができれば、いくつもの仮設のなかから一つを選び出すことができる。あいまいで定性的なものには、いろいろな説明がつけられる。もちろん、私たちが直視せざるを得ない多くの定性的な問題のなかにも深めるべき真実はあるだろうが、真実を『つかむ』方がずっとやりがいがある」(1)。したがって、課題は、定量的もしくは還元主義的な方法によって測定したり確証したりすることのできない、この分野の定性的な問題に対する受け入れ可能なアプローチを考案することです。

一九五〇年代後半、カナダ人のエンジニアであり研究者であったウィルバート・スミスはこう報告しました。「いくつかの事例において、信頼できる人々がこうした船に乗る存在を見たと報告し、しかも私たちとそっくりだったと述べています。別世界から来た人々と地球人とのコンタクトがかなり多く報告されており、(……)こうしたコンタクトの結果は驚くほど一貫しており啓発的です」(2)。彼は一九五八年の記事で、自分の調査について次のように描写しました。「コンタクトについて確認する手順は、当たり障りはないが重要である質問をたくさんし、その答えを、ほかのコンタクトを通して得られた同じ質問への答えと比べるというものでした。次のような質問です。火星には人が住んでいますか。もしそうなら、一般的に家はどのような形をしていますか。火星の人々は硬貨を使いますか。もしそうなら、それはどのように見えますか。すべて合わせると、質問は数百項目に及びました。控えめに言っても、結果は目覚ましいものでした。本物と分類してもよいコンタクトの場合は、ほとんど完全な一致がありました。真偽が疑わしい他のコンタクトの場合は、一致は極めて乏しいか、全くありませんでした。もちろん、大部分は一致しているが、一つか二つ当てはまらない点があれば、食い違いの理由を見つける努力が行われました。それぞれのケースにおいて、受け取ったものを忠実に伝える代わりに、誰かが地球的な考えや注釈を、しばしば宗教的な性質のものを差しはさんだということが分かりました(3)」

私が使ってきた調査方法は、ここでウィルバート・スミスが描写した手順とよく似ており、非常に多くの偽情報と無知にもかかわらず「私たちが直視せざるを得ない」ような「定性的な問題」に関するデータを得るために、独立した複数の情報源に由来する特定の情報を見ることによって、コンタクトの主張をふるいにかけるのに役立つでしょう。

相反する理論や報告がおびただしくあるため、地球外生命とのコンタクト――自発的なものであれ非自発的なものであれ――の主張の妥当性を検証するためのパラメーターもしくは試金石として役立つかもしれない、何らかの基本的基準を設けることが必要不可欠です。そうするために、地球外からの訪問者が優しいのか、威圧的なのか、あるいはその両方なのかについて、多くの人が――相反する報告のせいで――確信を持てないでいるという中立的な命題から始めて、こうした事実を探すことにしましょう。さらに、何が現実なのかを確定するにあたって、偽情報が最も重要な障害の一つと見なされているとすれば、偽情報、誤った情報、憶測によって汚染されなかったことが分かっている報告が、当然の出発点となるでしょう。こうした報告が多数あり、世界各地から寄せられているという事実は、私たちの基準が普遍的で、信頼性があり、使用できるものになることを保証しています。

一．歴史的な考察

地球外生命の存在に関する仮説が非常に多くあるため、現代のＵＦＯ時代の歴史の始まりにあたり、第二次世界大戦中の戦闘機パイロットによる多くの「フー・ファイターズ（幻の戦闘機）」目撃報告、一九四七年六月のケネス・アーノルドによる目撃、一九四七年六月のロズウェル近郊での（「疑わしい」と言う人もいる）円盤墜落、そしてまさに世界規模の関心の高まりにつながった一九五〇年代初頭のコンタクティーの体験から、探求を始める必要があります。空飛ぶ円盤が地球に由来するかもしれないという憶測について、デスモンド・レスリーはまねのできないほど快活な書き方でこう論じました。「……『エイリアン［つまり敵国］パワー理論』に対するただ一つの異議は、こうした円盤がかなり長い間、（敵味方を問わず）世界中至るところで飛んでいるということです。研究者が明らかにしていることは、円盤は大挙して現れ、ライト兄弟が重航空機の飛行を初めて成功させる何年も前から、著名な天文学者によって見られていたということです。もしそうなら、円盤を所有する地球の権力者は、平和をたいそう好む性格をしているに違いありません。そうした権力者が望む時はいつでも、ほとんど一夜にして世界を征服することもできたはずだからです(4)」

際立っているのは、こうした初期の目撃や体験は中立的であるか、明らかに友好的であったということです。また、第二次世界大戦中の戦闘機パイロットからの攻撃報告や、当初のコンタクティーたちからの「アブダクション（誘拐）」報告が全くなかったという事実は、中立的もしくは友好的な存在を示唆しています。

もし私たちが、善良な意図を持った地球外生命と邪悪な意図を持った地球外生命の双方の訪問を受けているとすれば、コンタクトが最初に報告され始めた時期において、一方のタイプのコンタクトは起こることなく、もう一方のタイプのコンタクトだけが起こるべきであった理由はありません。

二．社会的な考察

一九五〇年代初めに一般大衆に伝わり始めたコンタクトは最初、バック・ネルソン、トルーマン・ベサラム、オルフェオ・アンゲルッチ、ジョージ・アダムスキーといった、正式な教育をほとんど、あるいは全く受けておらず、特別な社会的「地位」もない人々によって報告されました。のちに、ダニエル・フライ、ウィルバート・スミス、ディーノ・クラスペドンといった、もっと高等な教育を受けた人々による報告が公表されました。現在、二〇一五年においては、自分の個人的な体験に基づいて、訪問者の友好的な意図について証言する軍関係者、宇宙飛行士、科学者、さらには政府関係者、外交官による報告があります。「アブダクト（誘拐）された」とか、現在ではよく訪問者のせいにされる残虐行為を受けたという、そうした要人による報告は全くありません。

もし私たちが、善良な意図を持った地球外生命と邪悪な意図を持った地球外生命の双方の訪問を受けているとすれば、一方のタイプのコンタクトが、コンタクトを体験する一つの社会階級の人々だけに起こり、ほかの社会層の人々には起こらない理由はありません。

三．政治的な考察

最初のコンタクトが報告されたとき、世界は（東西に）大きく分割されており、核による滅亡の深刻な脅威にさらされていました。ほとんどのコンタクティーは、大惨事を回避するために、こうした危険について世界に警告し、世界規模の協力の必要性を強調するよう要請されました。人類が核技術を廃止すれば、代替技術により私たちを支援するという申し出もあったと報告されています。（アダムスキーのかつての共著者デスモンド・レスリーは、イギリスの核兵器禁止運動〈ＣＮＤ〉の初期のメンバーの一人でした。[5]）国際的な同胞愛と平和というこの希望に満ちたメッセージに対して大衆が大規模な関心を示したことに重大な懸念を抱き、政治、軍事、企業の権力層は、一般大衆を怖がらせ混乱させるための協調した偽情報キャンペーンを始めました。[6]後期コンタクティーもまた、例えばジョルジョ・ディビトントは、一九八〇年のコンタクト体験中に、[7]核技術の危険に関する重大な警告を受け取りました。

同様に、初期コンタクティーからの情報は、地球の諸問題を解決し破局を未然に防ぐために講じるべき緊急措置に関する、ブラント委員会報告書で表明された政治的合意と百パーセント一致します（150頁参照）。

もし私たちが、善良な意図を持った地球外生命と邪悪な意図を持った地球外生命の双方の訪問を受けているとすれば、私たちは一九五〇年代初頭以降いつであれ、協力、正義、平和だけでなく、

正反対のものを促進しようとする本物のコンタクトに関する報告を、さらには、いっそう破壊的な技術の提供も、コンタクトの相手から受けているはずです。

四．霊的な考察

当初のコンタクティーと多くの後期コンタクティーの双方に由来するメッセージや情報には、地球の不朽の知恵の教えに見られるような人類の自由意志の尊重、意識の拡大、黄金律と同じ概念が染み込んでいるほか、後者の二つについては、ある程度、世界の主要宗教にも共有されています。

もし私たちが、善良な意図を持った地球外生命と邪悪な意図を持った地球外生命の双方の訪問を受けているとすれば、人類が共有する知恵の伝統や宗教の基本的教えと一致したりそれを裏付けたりする、本物のコンタクトに由来する生命哲学や教えだけでなく、それとは正反対の教えや生命観に関する報告も受けているはずです。

こうした事実を立証したので、私たちは今や、あらゆる種類のコンタクトの主張を検証し、その主張がこうした歴史的、社会的、政治的、霊的な考察というテストに合格するかどうかを各自で判断するために、そうした事実を基準として用いることができます。こうした考察に耐えなければ、その主張は、立証できる証拠、論理、常識に反しているということが分かります。もしコンタクトの主張が、私たちが設けた基準にそぐわないならば、それを覆す証拠があるのかどうか、あるいは代わりの説明があるのかどうかを確かめる必要があります。

一例として、一般的な「アブダクション」の主張を取り上げ、私たちが立証した事実にどれくらい合致するかを確かめてみましょう。

（1）初期コンタクティーの誰も、船体のフォースフィールド（力の場）に慣れていないために時々かすり傷や火傷を負ったことを除いて、自らの意志に反して拉致されたり、何らかの方法で身の安全が脅かされたりしたとは報告していません。

（2）自分の個人的な「アブダクション」体験や、「実験」の対象とされたことについて公表した当局者や要人の報告はありません。

（3）（核）戦争が一つの選択肢になる、と告げられたと主張する人々の報告はありません。

（4）例えば、ナチスもどきの哲学のような、「物質主義的」あるいは「利己主義的」な生命観に関する詳細や解釈を提供されたコンタクト体験者の報告はありません。

「アブダクション」の主張は、私たちの確かなコンタクト基準に照らした精査に耐えられないにもかかわらず、何千何万もの人々が何らかの種類の「アブダクション」体験をしたと主張しているため、そうした体験に対する代わりとなる妥当な説明があるかどうかをはっきりとさせなければなりません。事実、少なくとも四つの、一見もっともらしい説明があります。

（a）第一に、「アブダクト」されたと話す多くの人がただ単に、「通常の」コンタクト体験を描写するために、こうした事柄に関する普通は無分別《むふんべつ》な、あるいは煽情《せんじょう》的な報告の中でこの用語を使っているのかもしれません。

（b）地球外生命の存在について既得権益集団が一般大衆を怖がらせ混乱させようとしてきた証拠書類があるとすれば、「アブダクション」体験は、秘密工作員によって仕組まれている可能性があります。事実、研究者たちは、そうした虚偽の体験を仕組むために使われた可能性のある「闇予算」の証拠を突き止めました。スティーブン・グリア博士は二〇〇六年に、ＭＩＬＡＢＳ（軍関係者によるアブダクション）や未承認特別アクセス計画（ＵＳＡＰｓ）と呼ばれることが多いそうした活動について、多数の証人が証言したと主張しました。[8] 麻薬、催眠術、またはその組み合わせによる記憶の埋め込みや消去が何十年もの間、心理戦の一様相となってきました。

（c）長い時間をかけて、人類の夢や恐怖から、大量の強力な想念形態が形成されてきました。大多数の人々はアストラル的に（つまり太陽叢に）偏極しているため、こうした想念形態は、空想している間に容易に入り込み（207～208頁および212～218頁参照）、自分の体験は現実のものだ、と自分に言い聞かせてしまいます。このような体験は、「大天使」から「導き」を受けたことから始まって、「エイリアン」やもっと悪いものによって「アブダクト」されたことに至るまで、多種多様です。

（d）「アブダクト」されたと主張する人々はただ単に、何らかの心理的理由により、過度に活発な（アストラル的）想像力の結果としてそれを体験したのかもしれません。「体験」が伝染したり、人々が他者の体験に「感染」したりした、よく知られた事例が数多くあります。明白な理由もなく人々が眠りに落ちたり病気になったりした、あるいは物音を聞いたり幻を見たりしたという、謎めいた事例です。ジョージ・アダムスキーはかつて、そうした体験についてこう語りました。「彼らにとっては本物ですが、……しかし夢想家の夢も本物なのです」[9]

さて、個人的なコンタクトを超える一つの例に関して、私たちのパラミーターを使用することができるかどうかを確かめてみましょう。これは、地球上の政府または闇の権力が、悪意ある「エイリアン」と結託し、バックエンジニアリングによって、反重力などの地球外テクノロジーの開発に成功したという主張です。そうした権力は、私たちからそのテクノロジーを隠しており、人類と地球を――ある憶測によると、月と火星の基地から操作して――支配するために使っているといいます。（これが実際に起こっていると確信する人が少なからずいるため、そうした憶測には論理が完全に欠けていることを理解することは、おそらく一部の人々にとって有益なことでしょう。）四つのパラミーターを前述の順序で適用させることにします。

（1）歴史的に、コンタクティーはほぼ例外なくこう述べてきました。一つの惑星の人類が太陽系内をあちこち旅して回るのに必要なテクノロジーを開発できるようになる（というより、そうすることが許される）前に、一つであるという明確な感覚を伴う一定レベルの道徳的発達、意識の進化の一定段階に達しなければならない、と。そうした道徳的発達がなければ、度を超えたテクノロジーの進歩は、そうした人類に歯向かうことになるでしょう。特に、デタント（緊張緩和）の期間以後、私たちは今日再び、根本的な倫理の不足と組み合わさったテクノロジーの進歩の危険に直面しています。

（2）この種の主張はしばしば、秘密基地で働いた人々や、働いたと主張する人々の証言によって裏付けられています。時には、地球外生命と協力して働いたとされています。一般大衆を混乱させ怖がらせるために政府や軍が行ってきた実に多くのことを考えると、彼らの体験がどの程度事実に即しているのか、埋め込まれた記憶なのか、あるいは別の誤った情報と混ざっているのかを知ることは不可能です。

また、ロッキード・スカンクワークスのエンジニア、故ベン・リッチによる「現在我々にはETを故郷へ送っていく技術がある」という主張は、引用されることがよくあります。しかし、「アバブ・トップ・シークレット」というウェブサイト上のシャドウホークというタグネームの付いたユーザーによると、この発言は、リッチ氏が一九八三年以降講演の終わりに使ってきた「スカンクワークスは［映画キャラクターの］ETを故郷に戻す仕事を割り当てられています」[10]という、受けの良かった結びの言葉が間違って解釈されたものにすぎません（この点については、64頁にある宇宙飛行士エドガー・ミッチェルと秘教徒ベンジャミン・クレームによる発言も参照）。

（3）政治的基準に関しては、人類と地球を支配するために秘密テクノロジーがどんな形で配備されているにせよ、このテクノロジーを隠しているはずのエリート層そのものが地球とその資源の大半をすでに所有しているという点において、私たちがここで査定している主張は筋が通りません。

（4）人類全体にしても、そしてもちろん、太陽系内を旅して回る手段を所有しているとされるエリート層にしても、そうするのに必要な進化段階（1の項目を参照）にまだ達していないということを明確にする必要があります。

読者の多くは、ある思想や文章およびその妥当性を分析的に評価する方法として、「批判的分析」という言葉になじみがあるでしょう。分析によって様々な疑問に対する答えが出てきて、そのすべてが結論へとつながります。それは著者自身や、検討中の著者の仕事の特質、著者の論文、同じ主題の他の資料との関連、著者の証言などに関する疑問です。

先に設けた基準に照らして多数の著者のコンタクトの主張を調査することによって、史料との一致点によって実証された、さらには、長期にわたる独立した情報源や、多様な社会階級、例えば科学、軍事、政治、宗教、知恵の教えなどの様々な背景からの裏付けによって実証された、定性的なデータを集めることができます。

政府と軍のファイルが機密扱いされ続ける限り、有形の証拠は入手できないままでしょう。私たちの自由意志と思想の自由を尊重しようというスペースブラザーズの努力を考慮すると、なおさらそうでしょう。しかし、この方法は、当初の情報源の定性的な調査に基づいているため、一九五〇年代以降のほかのどのようなコンタクトの主張でも検証することを可能にする、次の四つの基準を私たちに提供します。

1　歴史的基準――本物のコンタクトは、当初のコンタクトの温和な特質と一致する。
2　社会的基準――本物のコンタクトは、あらゆる社会階層で起こる。
3　政治的基準――本物のコンタクトは、協力、正義、自由、平和、環境への意識を通して、正しい人間関係を促進する。
4　霊的基準――本物のコンタクトは、人類の自由意志、意識の成長、黄金律の尊重を保証する。

このようにして精査してきた情報を統合すると、他の惑星の生命に関してだけでなく、もっと重要なことですが、すべての人のための平和で繁栄した未来を確保するために、明らかになった事例をどのように活用できるかに関する、生き生きとした圧倒的な全体像が浮き彫りになります。また、このアプローチを使うと、地球上でテロを実行しているという「エイリアン」の話は、カール・セーガンが『カール・セーガン 科学と悪霊《あくりょう》を語る』という本で定性的な方法により退治しようとした、もう一つのタイプの悪霊として暴露されるということに、読者は気づくことになるでしょう。

この調査方法はまた、偽情報キャンペーン以前の説明を主要な尺度として受けとめているため、論理と常識を包含しており、「私は信じたい……何かを」というミーム（流行り言葉）を超えるものです。私が示唆したいことは、そうした態度は心を開いているのではなく、単に無批判的になっているということであり、私たちが今や手にしている妥当性の検証のための明確な試金石を無視するものだということです。

自分の恐怖心を裏付けるような主張を探す人々は、それをふんだんに見つけることでしょう。しかし、人類が現在通過している危機において積極的な役割を果たすよう、当初から私たちに呼びかけてきて、そのようにして未来への希望をかき立てている、立証された確かな情報を探している読者は今や、偽情報、誤った情報、憶測に切り込んでいく定性的な調査のための手段を持っているはずです。

注

（1）カール・セーガン／青木薫訳『カール・セーガン 科学と悪霊を語る』新潮社、一九九七年、二一二頁（訳注＝邦訳には該当箇所が見つからない英文も訳出・追加した）
（2）スミス『ボーイズ・フロム・トップサイド』二一頁
（3）ウィルバート・スミス「なぜ私は宇宙船の現実を信じるのか」フライング・ソーサー・レビュー誌、一九五八年十一・十二月号、原書九頁
（4）デスモンド・レスリー「天文学と宇宙人」フライング・ソーサー・レビュー誌、一九五五年七・八月号、原書二三頁
（5）ロバート・オベイン『デスモンド・レスリー（一九二一〜二〇〇一年）――あるアイルランド人紳士の伝記』二〇一〇年、原書一〇二頁
（6）アートセン『スペース・ブラザーズ』第二章と本書24〜25頁を参照のこと
（7）ディビトント『宇宙船の天使』を参照
（8）スティーブン・グリア「ディスクロージャープロジェクト」［オンライン］二〇〇六年五月二日、uploads.worldlibrary.net/uploads/pdf/20130308005411 exopoliticsorxenopolitics_pdf.pdf で閲覧可能［二〇一五年七月十一日にアクセス］
（9）アダムスキー『UFO問答100』問88、一四三頁
（10）シャドウホーク、ウェブサイトでの批評、二〇一三年八月二十一日、二十二日、www.abovetopsecret.com/forum/thread965970/pg1 で閲覧可能［二〇一五年四月七日にアクセス］

Ⅱ．黄金律（無害の法則）

様々な宗教的伝統の中で次のように表現されている。

バハイ教

「自分の望まない重荷を他人に課してはならない。また、自分に望まないことを他人に望んではならない」

――バハオラ『落穂集』第六六章八節

仏教

「自分のために他人を害してはならない」

――ゴータマ仏陀『ウダーナヴァルガ』第五章一八節

儒教

「己の欲せざるところは、人に施すことなかれ」

――孔子『論語』衛霊公第一五―二三

キリスト教

「だから、人にしてもらいたいと思うことは何でも、あなた方も人にしなさい。これこそ律法と預言者である」

――イエス『新約聖書』「マタイによる福音書」七章一二節

ヒンズー教

「自分にとって不愉快なようなやり方で他人に振る舞ってはならない。これが道徳の神髄である」

――『マハーバーラタ』「教説の巻」第一一三章八節

イスラム教

「自分で望むものを兄弟に望まない限り、おまえたちの誰ひとりとして信者でない」

――預言者マホメット、アンナワウィー『四〇の伝承集』第一三の伝承

ジャイナ教

「自分にそうしてほしいように、この世の一切の生き物にしてやるようにしなければならない」

――マハーヴィーラ『スートラクリターンガ』第一章一一節三三

ユダヤ教

「他人が自分にしてほしくないことを他人にしてはならない。これが法のすべてであり、ほかは

みな注釈である」

――ヒレル「タルムード」シャバット三一a

ネイティブ・アメリカン

「隣人を傷つけたり憎んだりしないこと。なぜなら、あなたが傷つけているのは、隣人ではなくあなた自身なのだから」

――ピマ族の格言

シーク教

「私は誰にとっても見知らぬ者ではない。また、誰も私にとって見知らぬ者ではない。まさしく、私はすべての人の友なのだ」

――『グル・グラント・サーヒブ』英語版原書一二九九頁

道教

「隣人が得たものをあなたが得たものと見なし、隣人が失ったものをあなたが失ったものと見なしなさい」

――『太上感應篇』二一三〜二一八

ウィッカ

「誰も害さない限りにおいて、望むことを行え」

——ウィッカの教訓

ゾロアスター教

「自分にとって不本意なことは何であれ、他の人にはするな」

——『シャエスト ナ・シャエスト』第一三章二九節

訳者あとがき

本書は、二〇一六年三月改訂の英語版を翻訳したものです。原書では巻末に引用文献が掲載されていますが、この日本語版では各章の注に、邦訳が確認されたものについては訳者名や書名などを、未翻訳のものについては原書名や初出年などを記載するようにしました。

筆者のゲラード・アートセン氏は、私が二〇一三年八月に前作『スペース・ブラザーズ』の翻訳に関連してアムステルダムを訪れた時からすでに、この本の構想を練っていました。「地球の変化に焦点を当てた本になる」と聞いていましたが、実際に本書は、読んでいる途中でＵＦＯ関連の本だということを忘れてしまうほど、地球の社会経済的な事柄を多く取り上げています。

他の惑星の人々の言葉を読むことで、この惑星の現状が改めて思い知らされます。地球では、これまで利己心や分離、貪欲、競争が幅を利かせてきたため、紛争やテロが絶えず、著しい貧富の格差が存在します。極端に富む者たちがいる一方、貧困や飢えに苦しむ人々が大勢います。たいていの人にとって、日々の大半は労働に費やされ、しかも、それは創造性のない単純労働です。地上を移動するにしても、汚染物質を排出する車や飛行機に乗ることを強いられ、しかも、概して移動費は高く、疲労もたまります。人々は一般に、創造主である神を意識しておらず、自分が本来、神であることを自覚していません。神が定めた道を踏み外しているようです。

こうした状況とは対照的に、火星や金星ではどのような社会を実現しているかを、本書は詳しく伝えています。貧困や飢え、戦争のない社会、必要なものが自由に入手でき、労働時間が短く、余暇がふんだんにあり、宇宙旅行が簡単にできるほどテクノロジーが発達している社会です。しかも、社会全体として科学と倫理のバランスがとれています。人々は、創造主の意志を意識しながら、普遍的な法則に従って生きており、ジョージ・アダムスキーが接触した金星の覚者が言うように、「過ぎゆく一瞬一瞬が歓喜の瞬間」となっています。

このような対比により、読者は地球の現状に幻滅するかもしれませんが、その一方で、同じ太陽系の惑星で、惑星上のすべての人が調和して暮らす理想的な社会が実現していることを知り、そうした社会を地球でも構築できないものか、と思いを巡らせることになるかもしれません。

本書は、そうした社会の実現のために必要なものを指摘しています。自由と正義を確立するにあたっての鍵として、「正しい人間関係」が強調されています。人類が一つであることを認識し、世界資源を公平に分かち合い、地球全体で正しい人間関係を構築することができれば、宇宙の兄弟たちからも信頼され、宇宙における地球の孤立が解消されるという可能性が描かれています。世界教師マイトレーヤからのメッセージには、「人間同士が正しい関係を築いてこそ、神との正しい関係を築くことができる」（ベンジャミン・クレーム伝『いのちの水を運ぶ者』第二十九信）とありますが、このようにして神との正しい関係が構築されれば、人間は意識を地球外へと拡大させるだけでなく、自らの内（真我、神の閃光《きらめき》）へと深化させることも容易になるはずです。本書は、こうした未来のあらゆる可能性を実現するにあたっての鍵として、私たちがこれから起こす「行動」を取り上げ、最終章を締めくくっています。

本書のもう一つの特徴は、全編を通して、筆者の論理的な考え方、書き方が貫かれているということです。特に、巻末の「調査方法――批判的統合」で紹介された論理的で理知的な判断基準は、偽情報や憶測、恐怖心やアストラル的願望が渦巻くこの分野の迷妄を打ち破るほどの論理的な力強さを持っているように思われます。

筆者がメールで教えてくれたことですが、本書の「シード（種子）」となったのは、シェア・インターナショナル誌二〇一四年八月号に掲載された「地球存続作戦」という題名のアートセン氏の記事です。その中で、火星のＢ区域の人々と接触したアド・ビアーズ、土星人と接触したトルーマン・ベサラムのほか、ダニエル・フライ、バック・ネルソン、ディーノ・クラスペドンが宇宙の兄弟たちとコンタクトをしたということが、コンタクトの一部に関する筆者の質問に答えて、クレーム氏によって確認されています。また、金星や火星、土星などの人々とコンタクトをしたアダムスキー師の体験は言うまでもなく、ジョルジョ・ディビトントの体験も本物であったことが、クレーム著『光の勢力は集合する』の中で確認されています。

本書でも紹介されていますが、シェア・インターナショナル誌ではこのほか、毎月のように、撮影あるいは目撃されたＵＦＯが、太陽系内のどの惑星からやって来たのかを教えてくれています。

こうした情報は信頼できると私が考えるのは、マイトレーヤと覚者方の出現に関するクレーム氏の情報は本当であると考えるからです。私は三十年以上にわたって、アリス・ベイリーの教えなどと照らし合わせながら、クレーム氏が伝える情報を検証してきました。当初の直観的な判断に加えて、様々な観点からの論理的な検証により、アストラルレベルのチャネリングではなく、オーバーシャドウやメンタルテレパシーによって伝えられたマイトレーヤからのメッセージや覚者方の帰還の情報は信頼できると考えるため、同じ情報源から伝えられているUFO関連の情報もまた本当であると判断しています。

本書に掲載された写真の大部分は、シェア・インターナショナル誌上で覚者によって確認されたものですが、本書の英語版初版が二〇一五年十月に発行されてからも、新たなUFO現象が同誌で紹介されています。二〇一五年十一月に南アフリカのケープタウン上空で見られた多数の「UFO雲」は、太陽系内の様々な惑星から来た宇宙船であったという情報や、太陽・太陽圏観測衛星（SOHO）によって観測された立方体型のUFOは、いくつかの惑星の共同作業で作られた宇宙船だという情報が、写真とともに掲載されました（二〇一五年十二月号）。これらの例は、太陽系内の多くの惑星が連携し、地球支援のために働いていることを示しているかのようです。

日本での目撃例も、『スペース・ブラザーズ』日本語版が発行された二〇一三年十月以降、シェア・インターナショナル誌でいくつか確認されています。福島県でのベンジャミン・クレーム講演録画上映会の帰路、二〇一三年九月に宮城県登米《とめ》市で目撃されたホワイトゴールドの光は火星からの大きな宇宙船であり、その後、その大きな光から二つ三つと、まるで線香花火の火花のように分かれた光はそこから出てきたより小さな船であったこと（二〇一三年十二月号）、そして二〇一四年九月に、福島県での同上映会の帰路、関東方面への移動中に目撃された十字型の雲は、火星からのＵＦＯによって顕された徴であったことが確認されました（二〇一四年十一月号）。

一方、二〇一四年十一月に西日本の各地で目撃され、福岡空港のカメラで記録された緑色に光る物体は、金星からの宇宙船であったことが確認されています（二〇一五年五月号）。また、二〇一五年七月に大阪市で目撃され、映像がテレビ放映された十個の光る球体は、火星からの宇宙船であったことが確認されました（二〇一五年九月号）。さらに、鹿児島県の桜島が二〇一六年二月に噴火した際にビデオ映像に写っていた三つの光る物体は、火星からの宇宙船であったと確認されました（二〇一六年六月号）。同じく火星からの宇宙船として確認されたものには、二〇一六年三月に東京都台東区から東京スカイツリーとその真上の満月を撮影した写真に偶然写っていたオレンジ色がかった白い物体があります（二〇一六年八月号）。

最後になりますが、以前に刊行された二冊に引き続いて、この本の翻訳という奉仕の機会を与えてくださったゲラード・アートセン氏に深く感謝いたします。また、シェア・インターナショナル誌日本語版の翻訳・編集などでご多忙のなか訳文に目を通してくださった石渡玉枝氏、そして、この三冊目の出版も引き受けてくださったアルテの市村敏明氏に、心より感謝を申し上げます。

二〇一六年八月

大堤直人

写真提供者

4頁：デイビッド・ボワイエ、29頁：ワン・シン・ウェン、31頁：シモーナ・ボッキ、35頁：BBCニュースのビデオ静止画像；36頁 上：YouTubeビデオ静止画像；下：米航空宇宙局（NASA)、37〜38頁：NASA、39頁：太陽・太陽圏観測衛星(SOHO)、62頁：ウェンデル・スティーブンス、63頁：YouTubeビデオ静止画像、65頁：ブリット・エルダーズ、78頁：写真撮影者は不明、80頁：ロバート・ファン・デン・ブレーケ、85頁：オーシャン・X；ハウケ・ファークツ、126頁：ハリー・パートン、127頁：ペル・アルネ・ミカルセン、128頁：ウィリアム・フェルトン・バレット夫人、186頁：YouTubeビデオ静止画像、187頁：YouTubeビデオ静止画像、207頁：ベルント・ナッハライヘルト

◆著者

ゲラード・アートセン（Gerard Aartsen）

1957年、オランダのアッセンデルフト生まれ。アムステルダム応用科学大学教育学部で教育学修士号を取得。現在、同学部中等教育科で英語を教えている。約40年にわたって不朽の知恵の教えを学び、オンライン文献『兄たちが帰還する』を作成。著書に『ジョージ・アダムスキー』『スペース・ブラザーズ』（アルテ）がある。ベンジャミン・クレームと連携した世界規模のネットワークにおける長年の協働者であり、地球外生命の存在について定期的にシェア・インターナショナル誌に寄稿している。UFOに関連して各国で講演を行い、国際ラジオ番組によくゲスト出演している。

◆訳者

大堤 直人（おおづつみ　なおと）

1967年、秋田県生まれ。秋田大学教育学部卒業。高校教諭（英語）。勤務校で5冊のESD（持続可能な開発のための教育）シリーズの編集に関わった。シェア・インターナショナル誌日本語版の翻訳ボランティア。訳書にピッチョン『マイトレーヤを探して』、アートセン『スペース・ブラザーズ』（アルテ）など。共訳書にベイリー『新しい時代の教育』（AABライブラリー）など。

転換期にある惑星 ――いかに正義と自由は実現されるのか

2016年10月25日　第1刷発行

著　　者　ゲラード・アートセン
訳　　者　大堤　直人
発 行 者　市村　敏明
発　　行　株式会社　アルテ
〒170-0013　東京都豊島区東池袋2-62-8
BIGオフィスプラザ池袋11F
TEL.03（6868）6812　FAX.03（6730）1379
http://www.arte-pub.com
発　　売　株式会社　星雲社
〒112-0005　東京都文京区水道1-3-30
TEL.03（3868）3275　FAX.03（3868）6588
装　　丁　Malpu Design（清水良洋＋陳湘婷）
印刷製本　シナノ書籍印刷株式会社

ISBN978-4-434-22616-8 C0014　Printed in Japan